향토음식

향토음식

조태옥 · 손기옥 · 홍종숙 · 전지영 지음

교문사

❀ 머리말

본래 음식은 인간 생활의 기본요소인 의식주 중 하나로 주로 기능적인 측면이 강조되어 왔다. 그러나 각 나라와 지역에서 고유의 음식이 만들어지고 세대를 거쳐 전해짐에 따라 음식은 그 나라와 지역을 대표하는 하나의 문화로써 자리 잡게 되었다. 이제는 본연의 역할인 영양 보충과 생체 조절적인 기능을 넘어, 한 국가나 민족의 특성을 나타내는 대표적인 문화양식으로 자리매김하게 된 것이다.

최근 쉽게 접할 수 있는 매스컴이나 TV 프로그램에서도 음식이나 요리에 대한 관심이 점점 확산되어가고 있는 것을 볼 수 있다. 해외 각국의 여행지나, 국내의 다양한 지역을 소개하는 프로그램에서도 '맛기행'이라는 이름 아래 각 나라와 지역의 다양한 음식이 소개되는 한편, 이미 접하고 있는 음식들을 어떤 기호에 따라 얼마나 새롭게 요리할 것인가에 대해 다양한 정보가 공유되기도 한다. 이를 통해 우리는 새로운 음식문화가 끊임없이 변화되어가는 것과 음식에 대한 대중의 관심이 확산되는 이유는 음식이 단순히 먹는 행위로의 만족으로 끝나는 것이 아니라 함께 했던 좋은 사람들, 맛있는 음식을 먹었던 추억의 장소 등 좋은 기억을 상기시키는 매개체이기 때문이 아닐까 생각한다.

이처럼 좋은 기억을 생생하게 떠올리게 할 만큼 우리 향토음식은 지역마다 다양하고 독특한 특색을 갖고 있다. 우리 향토음식은 오랜 역사와 전통을 가지고 있으며, 각 지역 음식의 종류와 재료 및 조리의 다양성은 어느 나라와 비교해도 뒤지지 않는다. 대표적으로 장류만 하더라도 지역마다 독특한 특색을 보인다. 서울·경기지역은 음력 10월경에 메주를 쑨 후 띄워서 담가 석 달 만에 장을 뜨면 음력 4월경에 된장을 그대로 눌러 놓는데, 충청도는 음력 8~9월에 메주를 쑤어 띄워서 음력 1, 2, 3월에 담는다. 경상도는 음력 10월경 씌워 음력 1월경에 담그는데 서울에 비해 짜게 담고, 전라도는 10월이나 동지에 메주를 띄워 40일 만에 장을 담근다. 강원도는 음력 1, 2월에 장을 담가서 2개월쯤 지난 후에 간장을 떠내고 남은 건지는 다른 항아리에 눌러 두고 소금을 뿌려서 한 달 정도 삭혀서 사용하고, 제주도는 동짓날부터 섣달 사이에 담근다. 장류를 담그는 방법 하나만 하더라도 이처럼 다양한 특색을 보이는데, 지역별로 나는 다양한 특산물과 이를 활용한 음식은 또 얼마나 다양하겠는가. 이렇게 지역마다 다양한 특색을 보이는 향토음식은 그 지역의 특산물을 활용하는 방법을 제시하여 지역 경제를 활성화시킬 뿐만 아니라, 그 지역의 고유한 정체성을 담아내는 역할도 하고 있다.

그러나 현대사회로 접어들어 생활수준이 향상되고 음식문화에도 많은 변화가 생김에 따라, 우리 향토음식은 대체적으로 많은 시간과 정성이 들어가야 한다는 편견과 부담 때문에 그 기능이 점차 축소되어지고, 잘 보급되지 못하고 있는 실정이다. 향토음식이 갖는 지역성이나 고유성의 경계가 옅어지고 점차 획일화 되어가는 경향을 보이고 있는 것도 안타까운 현실이다. 우리가 식탁에서 먹고 있는 음식의 재료나 종류도 몇 가지로 한정되어가고 있는데, 이러한 추세가 지속된다면 전통향토음식이 서서히 잊혀지고 우리 음식문화의 정체성도 위기를 맞게 될 것이다. 따라서 우리가 문화유산의 가치를 잃어버리지 않기 위해 문화재를 지정하고 본래의 고유한 모습을 지켜나가기 위해 끊임없이 애쓰는 것과 마찬가지로, 향토음식을 조사·발굴하고 후대에 잘 전달될 수 있도록 기록하고 보존시켜 나가는 일이 시급하다고 하겠다. 또한, 향토음식은 단순히 현시대에 맞지 않는 '손이 많이 가는 음식'이라는 편견에서 벗어나, 우리나라의 소중한 자원이라는 인식을 갖고 통합적으로 관리하는 방안을 모색해야 할 것이다. 이로써 우리의 소중한 향토음식을 어떻게 관리·계승하고, 시대에 따라 발전해나 갈 수 있도록 할 것인지는 우리 모두의 숙제라 하겠다. 이 귀한 일을 함께 해나가기를 바라는 마음으로 향토음식에 대해 보다 쉽게 이해하고 실질적으로 활용할 수 있는 내용을 담고자 하였으며, 향토음식에 관심을 갖고 궁금해 하는 많은 이들에게 조금이나마 도움이 될 수 있기를 바란다.

끝으로 이 책의 출판을 위해 도와주신 교문사 여러분께 감사의 뜻을 전한다.

2017년 1월
저자일동

❀ 차례

✿ 향토음식의 특징

한 나라의 민족이 어떤 음식을 어떻게 먹는가 하는 것은 그 나라의 문화를 이해할 수 있는 가장 중추적인 역할을 하며 그 민족의 문화를 특징짓는 핵심이 된다. 한 민족의 식생활 문화는 그 지역의 기후와 풍토, 정치, 경제, 사회, 문화, 종교적 배경에 따라 형성되고 발전되어 왔다.

우리나라의 지형적 특성을 살펴보면 삼면이 바다에 접해 있고 북은 큰 강으로 경계를 짓고 있으며 산수가 수려하여 각 지역 마다 우수한 식재료가 많이 생산된다. 동서남북의 지리적인 요인과 기후 조건이 지역적인 차이가 있고, 일년 사계절의 구분이 뚜렷하여 계절별 산물이 지역마다 특색을 가지고 다양하게 생산되고 있으며 식생활 문화 형성에 큰 영향을 주고 있어 각 지역별로 이러한 특성을 살린 음식들이 고루 잘 발달되어 왔다.

또한 남북으로 길게 뻗어 남과 북의 기후차가 많이 나므로 지역별로 생산물이 달라지는데 지형적으로는 북부 지방은 산이 많아 밭농사를 주로 하기때문에 잡곡을 많이 생산하기 때문에 잡곡을 이용한 음식이 많고, 신선한 생선류를 구하기 어려우므로 소금에 절인 생선이나 말린 생선, 해초 그리고 산채로 만든 음식이 많고, 서해안과 동해안에 접해 있는 중부와 남부 내륙지방은 쌀 농사를 주로 하기 때문에 쌀밥과 보리밥을 주로 먹고 신선한 생선·조개류·해조류 등을 먹게 되었다.

각 지방의 기후가 다르기 때문에 지방마다 음식의 맛이 다르게 되는데 북부 지방은 여름이 짧고 겨울이 길어서 비교적 기온이 낮아 음식의 간이 싱거운 편이고 매운 맛은 덜하다. 반면에 남부 지방으로 갈수록 음식의 간이 세어서 매운맛도 강하고 고추 양념과 젓갈을 많이 쓰는 경향이 나타난다. 봄철의 장 담그기, 초여름의 젓갈 담그기, 초가을의 나물 말리기, 장아찌 담그기, 초겨울의 김장 담그기, 메주 쑤기 등의 연중 행사는 바로 계절의 변화와 뚜렷한 환경 아래에서 이루어진 것이다.

또한 각 영토의 경계가 역사적인 시대 변천에 따라 달라졌고, 왕조에 따라 지역적으로 다르게 나누어져 각 고장마다 문화와 사람들의 성품도 뚜렷하게 다르며 그 지역 사람들의 기질이나 품성이 음식의 크기에도 영향을 미치는데 진취적이고 도전적인 기질을 가진 지역에서는 음식도 큼직하고 양도 푸짐하게 마련하는 경향이 있다.

향토음식은 그 지방에서만 생산되는 식료품을 재료로 하여 지방 사람들만이 전승하고 있는 조리법으로 요리하는 방법이 있고, 타지방에서 생산되는 식료품을 가지고 조리법을 특별히 마련해서 만드는 향토음식이 있으며, 보편적으로 다른 지방에서도 만드는 음식이지만 조리법에 특색이 있는 음식이 있다.

역사적인 배경을 살펴보면 우리나라 식생활 문화는 삼국시대 후기부터 곡물농사에 적합한 기후와 풍토 속에서 공동체를 이루는 생활을 하며 밥을 주식으로 반찬을 먹는 식생활 형태가 생겨났으며, 채소를 소금에 절여먹는 김치의 형태가 존재했다.

불교를 숭배하던 통일신라시대에는 육식은 쇠퇴하고 채소 음식과 차(茶)가 발달하였다. 조선시대에는 유교문화가 정착되면서 효를 근본사상과 가부장적 식생활과 조상을 중요시하여 제사 상차림이 발달하고 현재와 같은 한국의 전통 식생활의 체계가 확립되었다. 또한 이시기에는 외국과의 교역이 활발해지면서 외래작물인해 옥수수·땅콩·호박·토마토·고구마·감자·고추 등이 유입되기 시작하였다. 조선시대에는 농법이 발달되면서 농촌사회의 부농층이 형성되고 지방의 향교를 중심으로 유림문화가 형성되어 성행하여 향토문화가 이루어지면서 각 지방의 특색 있는 고유한 향토음식이 발달되었다. 왕조의 도읍지였던 서울·개성·평양·전주의 음식이 가장 다양하고 화려하며 서울을 중심으로 궁중음식과 기품있는 반가의 음식이 전해지게 되었다. 당대의 명문가나 뿌리를 내리고 있는 종가가 있는 지방에서는 오늘날까지도 조선의 유교적, 토속적인 전통이 많이 남아 있어 전해지고 있다.

전국적으로 일상적인 식생활에서의 음식법은 공통적인 면이 많이 있지만 그 지방에서 나는 특산품과 가풍으로 내려오는 전통적인 양념이 보태어져 지방마다의 고유한 음식이 전수되어 각 지방의 향토음식은 고유한 특색이 있었으나 조선말기 점차 산업과 교통이 발달하여 다른 지방과의 왕래와 교역이 많아지고, 새로운 외래 식품의 유입과 외국의 음식문화도입과 물적, 인적 교류가 늘어나서 각 지방의 향토음식이나 농산물이 전국 곳곳으로 퍼지게 되면서 고유한 향토음식은 변형되고 새로운 향토요리가 개발되고 있다.

서울·경기도

서울, 경기도는 지역적으로 한반도의 중심부에 위치한 지역으로 경기·김포·평택의 넓은 평야에서 다양한 밭작물 재배와 벼농사가 활발하여 여러 가지 농산물을 고루 생산하고 있고, 서해안 지방은 해산물, 산간지방은 산나물이 풍부하다. 재배되는 농산물로는 쌀, 보리, 콩, 땅콩, 옥수수, 산나물, 들나물, 재배채소 등의 농산물과 과일로는 배, 복숭아, 포도 등이 많이 생산되고 특목 작물로는 화초, 약초, 담배, 인삼, 왕골 등이 있으며 수산물로는 조기, 갈치, 가자미, 꽃게, 병어, 새우, 홍합, 바지락 등이 있다.

서울 음식에는 조선시대 궁중음식의 특징이 남아 있다. 왕족과 양반이 많이 살던 지역답게 격식이 까다롭고 맵시를 중요시하는 음식이 많다. 또 화려한 멋과 의례를 중시하는 특징이 있어서 음식은 크기가 작고 모양을 예쁘게 하여 멋을 내고, 양은 적고 가짓수가 많은 편이다. 서울지역에서 직접 생산되는 산물은 별로 없으나 전국 각지에서 생산된 각종 산물들이 집결되어 있어 다양하고 화려한 음식을 만들었고 우리나라에서 음식 솜씨가 좋기로 손꼽히는 개성, 전주와 어깨를 나란히 한다. 특히 장사를 하거나 외국과 무역을 하는 상인들 또는 통역관이나 의관들은 경제적으로 부를 축적하여도 신분상승에는 한계를 느껴 맛있는 음식을 찾아다니며 서러움을 달랬다고 한다.

고려의 도읍지였던 개성 지방의 음식은 다양하고 사치스러운 편으로 정성이 많이 들어간 것이 특징이고 음식에 쓰이는 재료가 다양하며, 숙련된 조리 기술이 필요한 음식이 많았다고 한다. 개성 음식의 향토음식으로는 조랭이떡국, 무찜, 홍해삼, 편수 등과 병과로 약과, 경단, 주악 등이 유명한데 개성모약과는 밀가루에 참기름과 술, 생강즙, 소금을 넣고 반죽하여 납작하게 밀어서 모나게 썰어 기름에 튀겨 조청에 즙청한 것이고 경단은 멥쌀과 찹쌀가루로 동글게 빚어서 삶아 내어 삶은 팥을 걸러서 앙금만 모아 말린 경아가루를 묻힌 것이다. 개성주악은 우매기라고도 하는데 찹쌀가루와 밀가루를 합하여 막걸리로 반죽한 다음 둥글게 빚어서 기름에 튀겨 조청에 무쳐낸 것이다. 떡도 모양에 기교를 부려 멋을 많이 냈고, 음식의 간은 중간 정도로 담백한 편이지만, 말린 생선자반이나 장아찌 등 밑반찬의 종류도 많은 편이다. 서울은 반가와 중인(中人)요리가 그 전통을 이어가면서 향토음식으로 정착되었다.

서울 음식은 소박하면서도 다양하며 간이 짜지도 싱겁지도 않고, 지나치게 맵게 하지 않아 전국적으로 보면 중간 정도의 맛을 지니며 음식의 예절과 법도를 중요시하고 웃어른을 공경하며, 재료를 곱게 채썰거나 다지는 등 정성이 깃들어 있는 것이 특징이며 고기, 생선, 채소 등이 고루 쓰이며, 갖은 양념을 한다. 새우젓은 무쳐서 찬을 하거나 젓국찌개를 끓이거나 호박나물, 알찌개 등에도 넣는다. 특히 서울은 설렁탕이나 곰탕, 육개장, 추어탕, 선짓국 등을 많이 먹는다. 화통이 달린 냄비에 산해진미 재료를 넣어 끓이는 음식인 신선로, 너비아니, 도미국수, 갈비찜, 구절판, 각색전골, 갑회, 어채와 채썰어 볶은 고기와 데친 숙주, 미나리 등을 합하여 초장으로 무친 탕평채 등의 사치스럽고 화려한 음식이 많다. 굴비나 관메기, 암치 등 말린 생선으로 구이나 지짐이, 육포, 젓갈류와 장아찌 등을 만든다. 김치는 배추김치, 섞박지와 장김치, 감동젓무 등이 유명하고 떡은 각색편, 느티떡, 상추떡, 각색단자, 약식 등이 있으며, 과자에는 매작과, 약과, 각색다식, 엿강정, 정과 등이 있다. 음청류로는 앵두화채, 오미자화채와 대추, 인삼 등 견과류와 한약재를 달인 차를 즐긴다.

경기도 지역 음식은 주식으로는 흰밥보다 찰밥, 팥밥 등의 잡곡밥이나 오곡밥을 즐기고 팥죽, 호박 풀떼기를 즐겨 먹으며, 국수는 맑은장국 국수보다 제물칼국수나 메밀칼싹두기, 수제비 등 국물이 걸쭉하고 구수한 음식이 많다. 국은 원추리, 냉이, 소루쟁이 같은 산채 또는 아욱, 근대, 시금치 등을 조개나 마른 새우와 함께 끓인 토장국을 즐겨 먹으며 여름철에는 열무나 애호박을 넣은 젓국찌개를 끓이고, 삼계탕이나 개성닭젓국, 민어탕도 즐겨 먹는다. 찬류로는 시래기곰국, 더덕구이, 달래무침, 냉이토장국 등이 있다. 닭고기는 백숙을 하거나 찜을 하고 제육저냐, 종갈비찜, 수원쇠갈비, 개성설야멱적, 닭젓국, 족편, 쇠머리 수육 등을 즐겨 먹는다. 신선한 육류와 내장류는 회로 먹기도 한다. 경기 서해안 지역에서 자주 잡히는 주꾸미, 뱅어, 조개 등을 이용하여 주꾸미 볶음, 뱅어국, 홍해삼, 조개전, 오징어회, 굴회 등을 만들며, 한강 유역에서 자주 잡히는 민물생선으로 만든 붕어찜, 밴댕이찌개, 웅어회, 웅어강정 등도 유명한 경기도 향토음식이다. 경기도에서는 특히 떡을 잘 만드는데 시루떡, 인절미, 절편, 수수부꾸미, 쑥개떡 등이 있으며 여주는 산병, 강화도는 근대떡, 가평은 메밀빙떡이 유명하다. 조과류로는 약과, 강정, 정과, 다식, 엿강정 등이 있고, 가평의 송화다식, 강화의 인삼정과, 여주의 땅콩엿강정이 유명하다. 차에는 강화의 수삼꿀차, 연천의 율무차 등이 있고, 화채로는 모과화채, 배화채, 노란장미화채, 송화밀수 등이 있다.

1) 서울·경기 지역 축제 목록

지역	축제명	개최시기	주요 내용	주최/주관
광진구	아차산 해맞이 축제	1월 1일	국악한마당 해맞이 희망의 북울림, 신년덕담 및 소망 기원, 새해 소망 발표 등	광진구 광진문화원
	서울 동화 축제	4월말(2012년 부터 시작)	동화관련 축제	광진구
강서구	허준 축제	10월 8일~ 10월 10일	추모제례, 무료 한방진료, 구민장기자랑, 어린이 미술한마당, 약령장터 등	강서구/강서문화원
강북구	삼각산 축제	10월 3일	단군제례, 천도제, 전국비디오 촬영대회, 동대항 풍물경연 대회, 무료가훈 써주기	강북문화원
종로구	인사전통문화 축제	5월	유랑극, 인사동장날, 흥겨운 우리무대 등	(사)인사전통문화보존회
	국악로문화 축제	10월	판소리, 민요, 창극 등	(사)국악로문화보존회
	인사동 포도대장과 그 순라군들	연중 주말	조선시대 순라재현 및 어우동 공연 등	종로구청 문화재현팀
강동구	강동 선사 문화 축제	10월	체험! 원시생활, 바위절 마을 호상놀이, 전통혼례 재현, 학술심포지움, 전통 예술공연, 현대예술 공연 등	강동구
양천구	용왕산 해맞이 행사	1월 1일	해맞이, 신년메시지 낭독, 소망기원문 날리기, 풍물 연주, 캐릭터와 기념 촬영, 페러글라이딩 비행, 소방차 제공, 복떡 나누기	양천구
중구	정동 문화 축제	10월	거리축제, 전시회, 문화예술공연 및 전통과 현대가 어우러진 각종 체험마당 등	경향신문
	명동 축제	4월	거리퍼레이드, 전통문화 예술공연, 축하공연, 상품세일행사, 경연대회	명동상가 번영회
	동대문 패션 페스티벌	9월~10월	거리퍼레이드, 패션쇼, 전통문화 예술공연, 축하공연, 상품세일행사, 이벤트행사	동대문 관광특구 협의회, 서울산업진흥재단
	한일축제한마당	9월~10월	요사코이 아리랑, 강강술래, 이벤트행사, 교류 리셉션	
서대문구	서대문형무소 역사관 예술제	9월	전통예술 및 현대예술공연, 민중가수콘서트, 어린이참여 및 공연행사, 짚풀체험행사	예술제 집행위/서대문구
노원구	마들 문화 체육 축제	10월	기념행사, 마들가요제, 문예한마당, 체육대회	노원구
구로구	구로 문화 축제	10월	벤처인넥타이 마라톤대회, 외국인과 구민노래자랑, 점프콘서트, 안양천 살리기 건강 가족 걷기대회, 청소년 축제마당, 구로도당제 및 전통문화마당 등	구로구

(계속)

지역	축제명	개최시기	주요 내용	주최/주관
관악구	관악산 철쭉제	5월	관악산제, 구민의 날 기념식, 노래자랑, 구민백일장, 등산대회, 사진전시회 등	관악구/관악문화원
	낙성대 인현제	10월 9일	개막식, 추모제, 구민백일장, 휘호대회, 궁도대회, 사진 전시회, 부대행사	관악구/관악문화원
송파구	백제고분제	9월	고분제, 10개 제례	송파구/송파문화원
동대문구	선농제향	매년 4월 20일	어가행렬, 선농제향, 설렁탕재연, 백일장	동대문구/동대문문화원, 선농제향 보존위원회
	서울 약령시 축제	5월	보제원제향, 약썰기대회, 무료투약, 건강마라톤	서울약령시
	청룡문화제	10월 24일	어가행렬, 청룡제향, 경로잔치	동대문구 청룡제향 보존위원회
은평구	은평 사랑한마음 축제	10월	기념행사, 통일로 파발제, 문화한마당, 전시한마당, 체육한마당, 부대행사	은평구
영등포구	정월대보름맞이 쥐불놀이	2월	쥐불놀이, 달집태우기 등	양평동사무소, 양평1동 생활체육회
	단오한마당 축제	6월	그네뛰기 등 동대항 민속놀이 경연	영등포 문화원
	서울세계불꽃 축제	9~10월	세계 각국에서 불꽃놀이를 준비하여 2시간가량 실시	서울시/한화
	봄꽃 축제	4월	봄꽃 축제	영등포구청
금천구	금천 벚꽃 축제	4월	문화예술행사, 청소년 어울마당, 노래자랑 등	금천구
	금천 열린문화 축제	10월~11월	가을밤 야외음악회, 연극, 영화, 각종 전시회 등	
성동구	봉산탈춤 발표회	9월 24일	기능보유자 발표회	성동구/성동문화원
	서울새남굿 발표회	10월 1일	기능보유자 발표회	성동구/성동문화원
	왕십리 가요제	10월	가요제	성동구/성동문화원
중랑구	중랑문화 예술제	10월~11월	연극, 국악, 무용, 문학, 가곡, 성악 등	중랑 문화원
마포구	서울 프린지페스티벌	8월~9월	영화, 연극, 음악, 무용	서울프린지 네트워크
	한국실험 예술제	8월	퍼포먼스	한국실험예술정신 운영위원회/KoPAS
	홍대거리 미술전	10월	미술전시, 공연, 참여미술	홍대거리 미술전기획단/홍익대학교 미술대학

지역	축제명	개최시기	주요 내용	주최/주관
가평군	연인산 축제	5월	길놀이 퍼레이드 및 전야제, 통일/번영/풍년 기원제, 야생화 전시, 전통음식 시연	가평군/가평군 연인산 축제추진위원회
	북한강 축제	12월	북한강 경주대회, 조정경기, 자연사랑걷기, 모터싸이클대회, 국제재즈페스티벌	가평군/가평군축제 추진위원회
고양시	고양 세계 꽃 축제	5월	세계꽃박람회기념	고양시
	고양 행주 문화제	10월	승전거리행진, 민속경연 대회, 행주대첩 고유제, 행주대첩 위령제	고양시/고양문화원
과천시	과천 한마당 축제	9월	국내외 초청 문화 체험 10종, 화훼 전시, 먹거리 장터 등	(재)과천한마당축제
광명시	구름산 예술제	10월	국악제, 미술전, 서화전, 사진전, 백일장, 학생 음악경연대회, 연극공연, 국악경연대회	예총광명지부/각급협회
	오리 문화제	5월	이원익 생애와 사상에 대한 강연회, 마당놀이, 그림그리기, 뮤지컬, 단축마라톤, 탈춤공연	광명문화원
광주시	광주 예술제	5월	미술인전, 시 낭송회, 열린 음악회, 시민 가요제	광주시/광주예총
	광주 왕실 도자기 축제	5월	도자박물관 전시, 쇼핑몰, 흙체험 행사, 도자경매, 전통가마 불지피기, 다례시연	광주시/광주왕실 도예조합
	남한산성 문화제	9월	어가행렬, 전통무용 공연, 문화체험학교, 성곽순례, 산성투어	광주시 남한산성문화제 추진위원회
구리시	구리 한강 유채꽃 축제	5월	나비날리기, 음악회, 시민노래자랑, 미술, 글짓기대회, 사진촬영대회, 청소년 락 콘서트	구리시/한국예총 구리지부
	구리 코스모스 축제	9월	전야제, 중국기예단 서커스, 야외영화감상, 미소사진촬영, 각종 체험행사 등	구리시/한국예총 구리지부
군포시	군포 시민 대축제	4월	가장행렬, 거리전시, 마을음악회, 실버축제, 사진촬영대회 등	군포시 문화공보과
	철쭉 동산 축제	4월	각종 전시회 및 음악회	
김포시	중봉 문화 예술제	9월	중 조헌선생 추모제, 열린음악회, 차없는 거리, 우수전통민속예술 시연, 농산물직거래 장터운영, 먹거리 장터운영 등	김포시/추진위원회
남양주시	다산문화제	10월	다산목민상 시상, 문예대회, 전통민속공연 체험행사 등	남양주시/남양주문화원
	남양주 야외공연 축제	8월	국내·외 유명공연단체 초청 공연,청소년어울마당, 체험행사 등	남양주시
동두천시	동두천 락 페스티벌	4월	고등부, 대학부 경연 및 전문 락그룹 공연	동두천 락페스티발 조직위원회
부천시	복사골 예술제	5월	학생 및 시민백일장, 거리축제, 영상 사진 공모전, 미술제, 시민노래경연대회, 무용제, 어린이가족뮤지컬, 연극제, 음악제, 시민영화제, 시민촬영대회	한국예총 부천지부

(계속)

지역	축제명	개최시기	주요 내용	주최/주관
부천시	부천국제학생 애니메이션 페스티벌	10월	국제 학생 애니메이션 경쟁, 장편 초청 영화제, 마스터클래스, 특별 전시, 아시아 국제 학술 포럼, 애니페어, 전국 고교대전, 애니 시네마, 부대 행사	부천 국제 학생애니메이션 페스티벌 조직위원회
성남시	성남 세계 민속예술 축제	12월	27개국 650여 명의 공연단이 참여하는 세계민속 무용, 음악, 의상축제	성남시/(주)경평인터내셔날
	성남 문화 예술제	6월	국제/무용/음악/연극/영화 축제, 미술작품전/사진작품전 시민백일장, 시민노래자랑	성남시/성남예총 성남예총 및 회원단체
	모란 민속 3일장 축제	1월	다양한 전통 민속예술공연, 추억의 가요무대, 현대적 감각 예술 공연	모란민속 5일장축제 추진위원회
	성남 여울마을 연꽃 축제	7월	연꽃 및 자연학습장 관람 전시회, 연음식 및 향토음식 코너	연꽃축제 추진위원회
수원시	수원 화성문화제	10월	정조대왕 능행차 연시, 화령전 헌다례, 혜경궁 홍씨 회갑연 재연, 과거 시험 재연 전국 주부 풍물 축제, 전통깃발전, 문화예술축전, 국제음식축제, 화성 그리기	수원시/화성문화제 집행위원회
	KBS 드라마축제	3월~6월	KBS Magic, Studio Tour, 디지털영상기기, 공개방송, 시대물 재현극, 전국 아마추어 영상전	수원시/KBS
시흥시	물왕 예술제	5월	국악한마당잔치, 문학 등 예술행사, 시민가요제,	예총시흥지부/시흥시청
	연성 문화제	10월	아동극, 백일장, 열린음악회, 장승깎기 및 장승제	시흥문화원/시흥시청
안산시	단원미술제 (김홍도 축제)	10월	미술대전: 미술공모대전, 미술감상교실, 거리미술제 안산 김홍도 축제: 단원 홍보관, 옛생활 용품 전시, 마당극, 미술체험, 전통먹거리 등	안산시/단원미술제 운영위원회
	별망성 예술제	9월	별망성산제, 별초무시연, 불꽃놀이, 청소년 연극제, 국악대제전, 기타 예술 행사 등	안산시/안산예총
	성호 문화제	5월	성호 숭모제, 국가중요 문화제 공연,경기민요합창단 공연, 성호사상학술대회, 기타 행사	안산시/안산문화원
	국제거리극축제	5월	서커스, 마임, 저글링, 마술, 코미디, 거리음악 등	안산시/안산문화예술의전당
안성시	안성 남사당 바우덕이 축제	9월	학술대회, 엿장수놀음, 탈놀음 경연, 줄타기 경연, 바우덕이 홍보관, 남사당놀이 6마당, 거리극, 종합극, 마당극, 민속장터 및 가축시장재현	안성시
	안성 죽산 국제예술제	6월	세계 유명예술인 무용, 음악, 창작 공연, 아방가르드 작품전, 작가와 함께 작품만들기, 영상전	사단법인 웃는돌
	죽산 어린이 축제	5월	어린이 전용극 일일 각2회 공연,체험	축제극단 무천
안양시	안양문화 예술제	5월중	미술, 음악, 무용, 연극 등 다채로운 문화예술 행사	안양시 안양 문화원 및 예총 안양지부
	안양 시민축제	10월	볼거리/놀거리/살거리/먹거리의 지역축제	안양시/안양시민축제 추진위원회

(계속)

지역	축제명	개최시기	주요 내용	주최/주관
양주시	양주 전통 문화 예술 축제	5월	무형문화재 및 전통민속 예술 단체공연	양주시/축제추진위원회
	양주 문화 축제	10월	전통민속예술 공연 및 참여 행사, 부대행사	
양평군	맑은물 사랑예술제	6월	숲속의 음악회, 맑은물사랑 콘서트, 농악놀이, 합창단 공연, 시낭송회, 기타 부대 행사 등	양평군/맑은물사랑 실천 협의회
	백운 문화제	9월	용문산령제례, 휘호대회, 사생대회, 풍물경연대회, 민속놀이 등	양평군/양평문화원
	은행나무 축제	9월	가족사진촬영대회, 용문산 은행제, 불교 전통 문화 시현, 숲속의 음악회 등	양평군
	세계 사물놀이 겨루기 한마당	9월	세계 사물놀이 경연 및 공연	양평군/사물놀이 한울림
여주시	세종 문화 큰잔치	10월	군민음악회, 한글백일장, 황후행차, 각종 전시회, 전국 사진공모전	여주군/여주문화원 예총 여주지부
	여주 도자기 박람회	5월	도자기 판매행사, 전통가마 불지피기, 전시·공연행사 및 체험행사	여주군/여주도자기박람회
	여주 진상 명품전	10월	진상농산물 전시, 우수농특산물 판매, 국제고구마요리대회, 농사체험행사(고구마투어)	여주진상명품전 추진위원회 여주군 농업기술센터
	명성황후 추모제	10월	영산제, 해원굿	여주군/여주문화원
연천군	연천 전곡리 구석기 축제	5월	구석기 체험, 움집 짓기, 가상 유적 발굴 퍼포먼스, 선사시대	연천군/연천군 전곡리 구석기축제 추진위원회
오산시	독산성 문화예술제	9월	문화행사 공연 등 예술 행사, 시민 참여마당	오산시/오산문화원
의왕시	의왕 백운 예술제	10월	의왕옛길 걷기, 나도 예술가, 백일장, 사생대회, 동화 구연, 인형극, 풍물놀이, 전래장난감 만들기, 통기타공연 등	의왕백운예술제 추진위원회
의정부시	통일 예술제	5월	전시회, 전통춤대공연, 한마음시민가요제, 백일장, 현대미술초대전	예총 의정부 지부
	회룡 문화제	10월	왕실행차재현, 전시회, 용춤, 마당극 등	의정부 문화원
	의정부 국제음악극 축제	5월	해외단체 초청공연, 대학생 쇼케이스 부대행사, 전시회	의정부 예술의전당
이천시	설봉 문화제	10월	전시행사, 문예행사, 경축행사, 민속행사	축제추진위원회/이천문화원
	이천 도자기 축제	8, 9월	전시행사, 판매행사, 공연행사	이천시/축제추진위원회
	이천 장호원 복숭아 축제	9월	민속행사, 문예행사, 세미나, 화합행사	축제추진위/동부과수 농협
	이천 햅쌀 축제	10월	민속놀이, 시골장터, 농기계전	이천시/축제추진위원회
	이천 백사 산수유꽃 축제	4월	문예행사	축제추진위/백사면, 이천 예총

(계속)

지역	축제명	개최시기	주요 내용	주최/주관
파주시	율곡 문화제	9월	자운서원 추향제례, 학술심포지엄, 유가행렬 재연, 율곡 및 한시 백일장, 향토작가 초대전, 서예대전 등	파주시/파주문화원
	파주 어린이 책 한마당	10월	도서전시 및 판매 책문화 한마당, 세미나 놀이 한마당, 체험학습 등	파주시/파주 출판단지
	헤이리 페스티벌	10월	헤이리 마을에서 미술 및 조형작품 전시, 건축 관광, 퍼포먼스, 타악, 무용, 연극, 클래식 재즈, 공방교실 등	파주시/파주건설위원회 헤이리페스티벌조직위원회
	파주 예술제	5월	음악공연, 국악공연, 문학세미나, 지상백일장, 미술협회 회원전	파주시/파주예총
포천시	산정호수 명성산 억새꽃 축제	10월	낭만의 향연, 전통의 어울림, 명성산등반대회, 가수왕 선발전, 영웅탄생, 전통 민속놀이, 포천 홍보관, 명품곽	포천시
하남시	하남 이성 문화축제	9월	공개방송 유치, 도립극단 공연, 시민단체공연, 시민참여 마당	하남시청/하남문화원
화성시	화성 병점 떡전거리 축제	9월	주제공연, 인형극, 떡 자랑대회, 떡 체험마당, 체험 및 전시프로그램	화성시
	화성 정조 효 문화제	9월	정조대왕릉행차 및 경쟁, 왕세자 입학례, 백수연 및 효행상 시상식, 산사 음악회, 폐막 공연, 체험 및 전시프로그램	화성시

2) 서울·경기 지역 농가 맛집

농가 맛집	특징	주소	연락처	대표메뉴
고가풍경	효소와 청으로 맛을 낸 건강요리	김포시 고촌읍 풍굴로 92–54	031–986–5458	산야초소스를 곁들인 연근 떡갈비
광이원	정성스러운 맛이 담긴 자연밥상	양평군 용문면 용문산로 120–11	031–774–4700	뽕잎 담은 규아상
구암모꼬지터	고종황제가 즐겨 먹던 건강 담은 유기농밥상	남양주시 화도읍 모꼬지로 17번길 85–27	031–511–7752	고종쌈밥, 맥적
청산별미	사시사철 푸르름이 가득한 청산의 별미	포천시 신북면 청신로 1215	031–536–5362	새송이떡갈비, 샤브샤브정식
토리샘	자연의 샘에서 누리는 편안한 곳	여주시 점동면 어우실길 67	031–882–7428	목삼겹살훈제구이
효미원	종가 며느리가 대를 이어 지켜온 전통의 맛	양주시 은현면 화합로 969번길 174–6	031–863–7506	된장수제비, 계절음식

이천영양밥─✿
이천쌀밥

이천 쌀은 영양가가 높고 밥맛이 좋아 예로부터 임금님께 진상한 밥으로 알려져 있다. 이천은 한국의 대표 곡창지대로 비옥한 평야와 구릉으로 이루어져 쌀이 찰지고 맛이 있고, 돌솥에 찰진 이천 쌀과 이천지역에서 구하기 쉬운 식품들을 밥에 넣어 맛 좋고 영양가 있는 음식을 만들어 먹었다. 《동국여지승람》의 기록을 보면 '땅이 기름져서 백성이 많이 부유하며 서쪽에서 동쪽으로 흐르는 복 하천과 그 지류에서 주로 쌀을 재배하였다.'고 한다. 서유구가 저술한 《행포지》에도 '여주와 이천에서 생산한 쌀이 좋다.'고 기록되어 있다.

✿ 재료 및 분량

이천 쌀 400g, 대추 28개, 불린 검정콩 30g, 깐밤 50g(3개), 깐은행 10개, 인삼 20g, 통깨 3큰술, 물 2.5컵

✿ 조리방법

1 쌀을 씻어서 1시간 불려 놓는다.

2 대추는 씻어서 돌려 깎아 씨를 빼고 6등분한다.

3 밤은 껍질을 까고 4등분한다.

4 인삼을 씻어서 2cm 길이로 썰어 준비한다.

5 돌솥에 불린 쌀과 물을 1 : 1로 넣고 깨끗이 씻은 대추, 검정콩, 밤, 은행, 인삼, 통깨를 얹어 밥을 짓는다.

화성굴밥—❀

'남양 원님 굴회 마시듯 한다.'는 속담이 있듯이 화성 굴은 그 맛이 유명하여 겨울철 별미로 굴밥이 이용되었다. 굴은 예부터 훌륭한 식량자원이었으며, 신석기 패총에도 다량의 굴 껍데기가 발견될 정도로 유명하다. 굴은 회, 젓갈, 죽, 전골 등의 다양한 재료로 이용되고,《조선무쌍신식요리제법》에 석화반에 소개되어 있다. 경기도 서해안 일대는 어패류의 생산이 많은데 굴이 직접 생산되는 바닷가 인접한 마을에서는 계절에 따른 별미밥으로 굴밥을 지어 먹었으며, 기호에 따라 미나리, 밤, 대추, 잣, 당근 등을 이용하기도 한다. 강화 지방에서는 밥을 안칠 때 닭 국물을 사용하며 밥이 끓으면 굴을 얹고 뜸을 들여 양념장과 먹는다.

❀ 재료 및 분량

쌀 2컵, 굴 100g(1/2컵), 쇠고기 200g, 표고버섯 20g, 무 850g, 밤 10개, 인삼 3뿌리, 대추 10개, 물 2컵, 소금, 후춧가루 약간씩

양념장 다진 파 2큰술, 다진 마늘 1큰술, 간장 1/3컵, 참기름 1큰술, 깨소금 2큰술

❀ 조리방법

1 쌀은 씻어서 1시간 정도 불린다.

2 버섯은 물에 불려서 0.3cm로 채썰고, 무도 0.3cm로 채썬다.

3 쇠고기도 0.3cm 두께로 곱게 채썰어 소금, 후춧가루로 밑간을 약하게 한다.

4 굴은 소금물에 흔들어 씻어 건져 놓는다.

5 밤, 대추, 인삼은 납작하게 썬다.

6 불린 쌀을 넣고 굴을 제외한 모든 재료를 얹어 밥을 짓는데 이때 밥물은 보통 밥물보다 적게 잡는다.

7 밥물이 거의 잦아들면 굴을 얹어 뜸을 들인다.

8 분량의 양념재료를 잘 섞어 곁들인다.

타락죽—❀

타락(駝酪)이란 우유를 가리키는 옛말이며 타락죽은 쌀을 갈아서 물과 우유를 넣어 끓인 무리죽이다. 조선왕조 때는 동대문의 낙산(酪山)에 목장이 있어 궁중에 우유를 진상하였는데 이를 이용해 왕족에게 보양음식으로 지어 올렸다. 우유가 귀하던 시대이기 때문에 일부 상류가정이나 궁중에서만 애용하던 것으로 여겨진다.

✿ 재료 및 분량

쌀 3/4컵, 우유 4컵, 물 2컵, 소금·설탕 약간

✿ 조리방법

1　쌀을 씻어서 물에 1시간 정도 불린 후 소쿠리에 건져 물기를 뺀다.

2　분쇄기에 쌀과 적당량의 물을 넣고 갈아서 고운체에 밭쳐 남은 찌꺼기는 버린다.

3　두꺼운 냄비에 갈아 놓은 쌀과 남은 물을 부어 불에 올려서 가끔 나무주걱으로 저으면서 끓인다.

4　흰죽이 거의 퍼지면 우유를 조금씩 넣어 나무 주걱으로 멍울이 생기지 않게 풀어서 한소끔 끓인다.

5　따뜻할 때 그릇에 담고, 먹을 때 개인의 기호에 맞추도록 소금과 설탕을 따로 작은 그릇에 담아 낸다.

조개죽——

인천 앞바다의 간석지에서 잡히는 조개는 알이 크고 육질이 좋아 예전부터 맛 좋은 조개로 알려져 왔으며 조개를 이용한 요리로는 죽과 탕이 발달하였다. 조개는 어류에 비하면 단백질 함량은 적으나 양질의 단백질을 가지고 있어 간 질환과 담석증 환자에게 효과적이고, 소화가 잘되며 영양가가 높다. 또한 조개 속에 많이 들어있는 타우린 성분은 혈중 콜레스테롤을 낮추는 효과가 있어 고혈압이나 뇌 질환에 효과적이며, 간의 해독 작용과 적혈구 형성에 도움을 준다. 특히 간 기능 회복에 도움이 되는 비타민 B_1와 B_2가 풍부하게 들어 있다.

❀ 재료 및 분량

쌀 1.5컵, 조개 200g, 물 8컵, 참기름 2큰술, 다진 마늘 1작은술, 달걀 1개, 다진 생강 1작은술, 잣 약간

❀ 조리방법

1 쌀을 깨끗이 씻어 1시간 정도 물에 불린다.

2 조개는 소금물에 담가 해감을 하고 껍질을 까서 깨끗이 씻는다.

3 냄비에 참기름을 두르고 쌀을 볶은 후 물을 붓고 푹 끓인다.

4 쌀이 약간 펴졌을 때 조개를 넣고 한소끔 끓인다.

5 소금으로 간을 맞추고 다진 마늘과 다진 생강을 넣고 잣을 띄워 낸다.

TIP 그릇에 담아 참기름을 기호에 맞도록 넣어 먹으며, 먹을 때 달걀노른자를 풀어 넣기도 한다.

양곰탕——✽

양은 위가 4개인 반추동물인 소의 위를 말하며, 양은 첫 번째 위를 가리키며 전체 위의 약 80%를 차지하기 때문에 부피가 대단히 크다. 양은 지방질이 거의 없으며 매우 담백한 맛을 내고, 단백질이 많이 들어 있어 예로부터 몸이 허약한 사람이나 회복기의 환자가 많이 먹었다. 《본초강목》과 《동의보감》등의 문헌에서 양은 정력과 기운을 돋우고 비장과 위를 튼튼하게 하며, 당뇨나 알코올 중독 등의 독성을 멈추게 하고 피로회복, 양기부족, 골다공증 등에 효능이 있다고 하였다. 《고려사》에서도 소의 양을 즐겨 먹었다는 내용이 나오고, 조선시대 유생들은 허약한 몸을 추스르고 원기 회복이 필요할 때 양구이, 양탕, 양죽 등을 즐겨 먹었다고 한다.

🌸 재료 및 분량

양 500g, 도가니 300g, 무 1개, 국간장 적당량, 물 4L, 생강 10g, 소금 적당량

건더기 양념 국간장 2큰술, 다진 파 2큰술, 다진 마늘 1큰술, 참기름 2작은술, 후춧가루 약간

🌸 조리방법

1 양은 살이 많은 깃머리살로 준비해 소금으로 바락바락 문질러 씻는다.

2 1을 헹구어 끓는 물에 잠깐 담갔다가 건져 칼이나 전복껍질로 검은 막을 박박 긁어 벗긴다. 안쪽의 흰 기름과 막도 벗겨 깔끔히 손질한다.

3 도가니는 잘게 썰고, 무는 4cm 길이로 토막 낸다.

4 냄비에 양과 도가니를 담고 생강을 한쪽 넣은 다음 물을 가득 부어 처음에는 강불에서 끓이다가 약불로 줄여 은근히 곤 후 무가 물러지면 건진다.

5 4를 건져 조각이 넓게 되도록 칼을 뉘어 저민다. 무는 사방 3cm, 두께 0.5cm로 썬다.

6 분량의 건더기 양념을 5에 넣고 간이 고루 배이도록 무친다.

7 양과 도가니를 삶은 국물에 국간장과 소금으로 간을 하여 한소끔 끓인다.

8 그릇에 양념한 탕거리(양, 도가니, 무)를 담고 국물을 붓는다.

제육저냐──◦

제육저냐는 돼지고기를 육전처럼 지지는 것인데, 돼지 뒷다리살을 삶아 얇게 썰어 밀가루와 달걀을 입혀서 묽게 갠 밀가루 반죽을 떠 놓고 그 위에 돼지고기를 올려 다시 반죽을 펴 발라 지진 것이다. 《조선요리제법》의 제육전유어,《조선무쌍신식요리제법》의 저육전유어(猪肉煎油魚)에 소개되어 있다.

❀ 재료 및 분량

돼지고기(다릿살) 600g, 밀가루 1컵, 식용유 적당량, 물 적당량, 소금 1/3작은술

❀ 조리방법

1 기름기 없는 돼지고기를 삶아 눌러 얇게 저민다.

2 밀가루에 물과 소금을 넣고 잘 풀어 놓는다.

3 달군 팬에 식용유를 두르고 **2**의 밀가루 반죽을 한 국자 떠놓고 편 다음 고기 몇 조각을 얹고 다시 반죽을 펴 발라서 뒤집어 지진다.

4 노릇노릇하게 익으면 먹기 좋게 썰어 낸다.

장똑똑이—*
똑똑이자반

고기를 '똑똑' 썰어 간장으로 짭짤하게 요리한다고 하여 '장똑똑이'라는 이름이 붙었으며, 궁중에서 쌈을 먹을 때 밑반찬으로 이용하였다. 비빔밥이나 볶음밥에 사용했으며 똑똑이 자반이라고도 불린다.

❀ 재료 및 분량

쇠고기(우둔) 300g, 마늘 2쪽, 생강 1쪽, 깨소금 1큰술, 참기름 1큰술, 간장 2큰술, 설탕 2큰술, 물 2큰술, 대파(흰 부분) 1뿌리

쇠고기 양념 간장 1큰술, 참기름 1/2큰술, 후춧가루 약간

❀ 조리방법

1 쇠고기는 기름기가 없는 우둔살이나 홍두깨살을 골라서 얇게 저민 후 가늘게 채썬다(5×0.2×0.2cm).

2 파는 흰 부분으로 3cm 토막 내어 0.2cm 두께로 채썰고, 마늘과 생강도 깨끗이 껍질을 벗겨서 곱게 채썬다.

3 채썬 쇠고기를 양념으로 고루 무쳐서 냄비를 뜨겁게 달구어서 볶는다.

4 고기가 익으면 간장, 설탕, 물을 같이 붓고 조리다가 채썬 파, 마늘, 생강을 넣어 서서히 조린다.

5 장물이 거의 졸아들면 참기름과 깨소금을 넣어 윤이 나게 뒤적인다.

밀 쌈──❀

구절판의 원형이라 할 수 있는 밀쌈은 기름에 부쳐 지지는 떡에 속하고 주로 유월 유두에 궁중이나 반가에서 먹었으며 안주용과 후식용이 있는데 안주용은 오이, 버섯, 당근 등의 소를 넣어 말은 것이고, 후식용은 깨를 꿀로 반죽한 밀쌈에 소로 넣은 것이다. 밀쌈이라는 용어는 1930년대 조리서에서 처음 나왔다.

🏵 재료 및 분량

쇠고기 100g, 미나리 30g, 당근 30g, 오이 100g, 물 1컵, 참기름 3큰술, 식용유 3큰술, 소금 1큰술, 후춧가루 1/4작은술, 겨자장(또는 초간장) 적당량, 밀가루 1컵, 달걀 3개, 건표고버섯 5개, 간장 약간

쇠고기 양념 간장 1큰술, 설탕 1/2큰술, 다진 파 2작은술, 다진 마늘 1작은술, 참기름 1작은술, 깨소금 1작은술, 후춧가루 약간

🏵 조리방법

1 밀가루에 달걀 흰자 1개와 물 1컵, 소금 1/2작은술을 넣어 섞어서 끈기가 나도록 잘 갠 후 직경 6cm 크기로 팬에 얇게 부친다.

2 달걀 2개는 흰자와 노른자로 나누어 황백지단을 부쳐서 식은 다음 곱게 채썬다(5×0.2×0.2cm).

3 건표고버섯을 물에 불려 가늘게 0.2cm로 채썰어 참기름과 간장을 적당량 넣어 볶는다.

4 쇠고기는 5×0.2×0.2cm로 채썰어 양념에 무쳐서 볶는다.

5 당근은 5cm로 잘라 0.2cm로 고르게 채썬 다음 소금을 넣어 기름에 볶는다.

6 미나리는 살짝 데쳐 5cm 길이로 썰어 놓는다.

7 오이는 5cm 길이로 자른 다음 껍질을 0.2cm의 두께로 돌려 깎아 얇게 채썰고 소금에 잠깐 절였다가 헹궈 짜서 참기름을 넣고 살짝 볶는다.

8 밀가루 전병 위에 고기, 채소류를 색을 맞추어 줄지어 놓고 돌돌 말아준다.

9 겨자장이나 초간장을 곁들인다.

각색전골——✿

전골은 다양한 재료를 손쉽게 즉석에서 만들어 먹을 수 있는 음식으로 반상이나 주안상에 반드시 따라 가는 음식이었다. 전골의 유래에는 여러 가지 설이 있는데 그 중 첫 번째로 장지연의 《만국사물기원역사》에는 보면, "상고 시대에 진중 군사들의 머리에 쓰는 전립(氈笠)은 철로 된 것이었는데 진중에서는 기구가 변변치 않아 자기들이 썼던 철관(鐵冠)에 고기나 생선 같은 음식을 넣어 끓여 먹었다고 한다. 이것저것 마구 넣어 끓여 먹던 것이 이어져서 여염집에서도 냄비를 전립 모양으로 만들어 고기와 채소 등 여러 재료를 넣고 끓여 먹었으니 이를 전골이라 한다."고 나와 있다. 또 《어우야담》에는, 이지함 선생은 별호가 철관자(鐵冠子)였는데 항상 철관을 쓰고 다니다가 고기나 생선을 얻으면 그것을 벗어 끓여 먹었다는 이야기가 전해진다. 1700년대의 《경도잡지》에서는 서울의 식생활 풍속에 대해 소개하면서 "전립투라는 냄비가 있는데 벙거지처럼 생겼고, 가운데 움푹하게 들어간 부분에다 채소를 데치고, 가장자리의 편편한 곳에 고기를 구워 술안주나 반찬에 모두 좋다."고 하였다.

🌸 재료 및 분량

쇠고기(등심이나 안심) 300g, 표고버섯 5개, 숙주 100g, 당근 1/3개, 무 100g, 실파 100g, 달걀 1개, 육수 2컵, 간장, 소금, 참기름 약간씩

고기 양념 간장 3큰술, 설탕 1.5큰술, 다진 파 2큰술, 다진 마늘 1큰술, 깨소금 2큰술, 참기름 1큰술, 후춧가루 1작은술

🌸 조리방법

1. 쇠고기는 결대로 굵게 채썰어(5×0.3×0.3cm) 양념장으로 무친다.

2. 건표고버섯은 물에 불려 기둥을 떼고 0.3cm 굵기로 채썰어 간장과 참기름으로 무친다.

3. 숙주나물은 거두절미하여 끓는 물에 살짝 데쳐 소금과 참기름에 무친다.

4. 당근과 무는 납작하게 채썰어(5×0.5×0.2cm) 끓는 물에 살짝 데쳐 소금과 참기름으로 무친다.

5. 실파도 5cm 길이로 자른다.

6. 전골냄비에 각색 재료를 보기 좋게 담고 육수에 간을 맞추어 붓고 끓인다.

7. 달걀은 풀어서 익은 전골음식을 찍어 먹거나 통째 끓는 장국에 넣어 반숙하여 먹는다.

칼 싹 두기 — ❋
메밀칼싹두기

칼싹두기는 칼국수를 칼로 싹뚝싹뚝 잘랐다는 데서 붙여진 이름이며 도면(刀麵)이라고도 한다. 형태로 보면 국수보다는 수제비에 가까운 음식이어서 칼싹두기를 수제비와 구별하여 칼제비라고도 하였다. 칼싹두기는 강화 지방의 옛 음식으로 순 메밀 손칼국수로 강화의 순무섞박지와 잘 어울리고 쇠고기 대신 멸치 육수를 사용해도 된다.

❀ 재료 및 분량

메밀가루 5컵, 소금 1큰술, 물 1컵, 실파 50g

육수 쇠고기(양지머리) 300g, 양파 1/2개, 마늘 3쪽, 무 100g, 물 8컵, 다진 마늘 1큰술, 국간장 5큰술

쇠고기 양념 다진 파 1큰술, 다진 마늘 1/2큰술, 설탕 1작은술, 참기름 1/2큰술, 깨소금 1/2큰술, 후춧가루 약간

❀ 조리방법

1. 메밀가루에 끓는 물을 넣어 익반죽하고 약간 두껍게 밀어 0.5cm 두께로 썬다.

2. 쇠고기는 양파, 마늘, 무와 함께 물을 넣고 푹 고아 국물을 내고 다진 마늘, 국간장을 넣어 간을 한다.

3. 익힌 고기는 건져 0.5cm 정도로 찢어서 분량의 양념에 무친다.

4. **2**의 끓는 장국에 **1**의 메밀국수를 넣어 국수가 떠오르면 실파를 3cm 길이로 썰어 넣은 후 한소끔 끓인다.

5. **4**를 그릇에 담고 양념한 고기를 얹어 낸다.

임자수탕—❁
깨국탕

궁중의 여름 냉국인 임자수탕의 '임자(荏子)'는 깨를 말하며, 국물로는 닭 국물과 깻국물을 같이 써서 영양적으로 훌륭한 냉(冷)보신음식이라 할 수 있다. 궁중이나 양반가에서 여름 보양식으로 즐겨 먹은 음식이며, 삶은 전복이나 불린 해삼을 넣기도 하며 차게 먹는 음식으로 배나 오이 대신 밀국수를 넣어 먹기도 한다. 냉국은 입에서는 시원하지만 배만 불리고 기력을 돋울 수 있는 재료가 부족한 경향이 있다. 그래서 궁중이나 양반집에서는 냉국의 기본 국물로 냉수를 쓰지 않고 닭 국물이나 깨, 잣, 콩 등 고소하면서도 지방이 풍부한 재료를 국물로 써서 영양을 보충하였다.

🏵 재료 및 분량

닭 1/2마리, 쇠고기 100g, 미나리 50g, 오이 1/2개, 물 10컵, 마늘 2개, 생강 1쪽, 통깨 1컵, 달걀 3개, 건표고버섯 2개, 붉은 고추 2개, 대파 1뿌리, 밀가루 적당량, 식용유 적당량, 전분 적당량, 소금 적당량, 흰 후춧가루 약간

쇠고기양념 다진 파 2작은술, 소금, 다진 마늘, 참기름 1작은술씩, 후춧가루 약간

🏵 조리방법

1 닭은 손질하여 깨끗이 씻어서 끓는 물에 대파, 마늘, 생강을 크게 저며서 넣고 삶는다.

2 1의 닭이 무르게 삶아지면 살은 건져서 잘게 찢고 국물은 차게 하여 기름을 걷는다.

3 통깨는 물을 조금 부어 으깨어 씻어 껍질을 벗겨 물기를 제거하고 타지 않게 볶는다.

4 분쇄기에 볶은 깨와 닭 육수를 붓고 곱게 갈아 체에 밭쳐서 깻국을 만들어 소금과 흰 후춧가루로 간을 맞춘다.

5 쇠고기는 살로 곱게 다져서 분량의 양념하여 직경 1.5cm의 완자로 빚어 밀가루, 달걀의 순서로 옷을 입혀서 팬에 지진다.

6 미나리는 다듬어서 가는 대를 꼬치에 꿰어서 밀가루, 달걀물을 묻혀 초대를 부친다.

7 달걀 2개는 흰자와 노른자를 분리하여 소금을 약간 넣고 얇게 지단을 부쳐서 직사각형모양(1.5×3.5cm)으로 썬다.

8 오이는 소금으로 비벼서 씻어 껍질을 도톰하게 벗겨 1.5×3.5cm로 썰어서 전분을 묻혀서 끓는 물에 데치고 찬물에 헹구어 건진다.

9 표고버섯은 불려서 기둥을 떼고 1.5×4cm의 직사각형으로 썰어서 전분을 묻혀서 끓는 물에 데쳐 내어 바로 냉수에 헹구어 건진다.

10 붉은고추는 갈라서 씨를 빼고 1.5×3.5cm의 직사각형으로 썰어서 전분을 묻혀서 끓는 물에 데쳐내어 바로 냉수에 헹구어 건진다.

11 대접에 닭고기살 찢은 것을 담고 위에 황백지단, 쇠고기완자, 미나리초대, 표고버섯, 오이, 붉은 고추 등을 얹고 찬 깻국을 붓는다.

강원도

감자전골
감자옹심이
능이버섯죽
메밀총떡
메밀콧등치기
곰치국
산채비빔밥
다슬기 해장국
오징어간장볶음
옥수수전
조감자밥
홍합죽
지누아리무침
풋옥수수범벅
콩죽
감자붕생이
황태구이
쇠미역튀각

강원도는 한반도의 동쪽에 위치한 지역으로 지역에 따라 기후와 지세가 서로 다르기 때문에 식생활에도 차이가 있으며 태백산맥을 기점으로 동쪽으로 해안지방의 영동 또는 관동, 서쪽은 내륙지방의 영서로 나뉜다. 영동지방과 영서지방에서 나는 산물이 크게 다르고 산악지방과 해안지방도 크게 다르다. 동해바다와 산간을 굽이쳐 흐르는 맑고 깨끗한 하천을 바탕으로 자연 보호지역, 유적지, 여러 종류의 동식물이 분포하고 있다. 일반적으로 지대가 높기 때문에 기후는 대체로 약간 한랭한 편으로 영동과 영서 지방간에는 기후의 특색이 뚜렷이 구별되며 영동지방에 비해 영서지방의 기온교차가 더 크다. 대체적인 지형은 동쪽이 높고 서쪽이 낮아 완만한 경사를 이루고 있으며 강원도 전체의 약 80%가 산지로 이루어져 있다. 금강산, 설악산, 오대산, 태백산 등의 많은 산에서는 옥수수·감자·메밀·콩 등의 밭작물이 많이 나고 있고, 영동해안지방은 명태, 오징어, 미역 등이 많이 나서 이를 가공한 황태, 마른 오징어, 마른 미역, 명란젓, 창난젓 등을 이용한 음식이 많은 것이 특징이다.

강원도 음식은 육류나 젓갈을 적게 써 담백하고 주로 멸치나 조개를 넣어 소박한 맛을 낸다. 옛날에는 구황식품에 속하였지만 현재는 별미 건강식품으로 사랑받는 도토리, 상수리, 칡뿌리, 산채, 감자, 찰옥수수, 메밀 등을 이용한 음식이 발달되어 있다. 옥수수는 쪄서 먹거나 밥에도 섞지만 가루로 빻아 떡에도 넣고 엿도 만들어 먹기도 한다. 감자는 보통 쪄서 먹지만 삭혀서 전분을 만들어 국수나 수제비, 범벅, 송편 등을 만들기도 하며 감자범벅, 감자막가리만두 등을 주로 먹고 날감자를 강판에 갈아서 파, 부추, 고추 등을 섞어 번철에 부쳐 먹는 감자부침도 별미이다.

강원도에서는 주식으로 강냉이밥, 감자밥, 메밀막국수, 감자수제비, 강냉이범벅 등을 먹고, 동해안에서 나는 질 좋은 다시마와 구멍이 나있는 쇠미역으로는 쌈을 싸 먹거나 말린 것은 튀겨 먹으며 지누아리라는 해초로는 장아찌를 담근다. 산간지방에서 나는 다양한 산나물로 취쌈, 더덕구이, 송이구이, 석이나물 등을 만들어 먹고 표고, 석이, 송이, 느타리 등 버섯으로 만든 부식을 즐겨 먹는다. 특히 양양에서 나는 송이는 품질이 좋기로 유명한데 산지에서는 장에 재워서 장아찌로 담그기도 한다. 해산물을 이용한 찬류는 오징어를 고추장에 재워 굽는 오징어 양념구이, 오징어 속을 채워 찌는 오징어 순대, 오징어 회, 젓갈 등이 있다. 동태로는 찜이나 구이를 하고, 황태 덕장이 있는 횡계 부근에서는 북어찜이나 구이를 한다. 동태의 알과 내장으로는 명란젓과 창난젓을 담그며 함경도식으로 가자미나 동태, 청어 등에 조밥과 무를 함께 넣고 식해를 담가 먹는다.

강원도 떡은 시루떡, 경단, 개떡과 감자가루에 무소를 넣어 빚은 송편, 메밀전병을 부쳐서 무나물을 소로 넣은 메밀총떡이 있다. 석이버섯은 고명으로 쓰지만 가루를 섞어 석이병을 만들기도 한다. 과자류는 산자(과줄), 약과, 송화다식이 있고, 잣은 홍천과 정선이 특히 유명한데 잣죽을 쑤거나 잣박산을 만든다. 강릉 지방은 예부터 산자가 맛있기로 유명하다. 음료로는 오미자화채, 당귀차, 옥수수차, 책면 등이 있다.

올챙이묵은 풋옥수수를 갈아서 죽을 쑤어 구멍 난 바가지나 네모틀에 넣고 흘려 내려서 만든다. 도토리가루로는 묵을 쑤기도 하고 반죽하여 냉면도 만들며, 칡뿌리의 전분으로는 국수, 떡, 부침개 등을 만든다. 강릉 초당리의 두부는 간수 대신 바닷물로 두유를 엉기게 하여 만드는 맛 좋은 두부로 유명하다.

동해안에서 잡히는 싱싱한 생선이나 북한강에서 잡히는 쏘가리, 민물장어, 빠가사리, 모래무치 등은 회를 치거나 매운탕을 끓인다. 삼숙이라는 생선은 강원도 강릉과 속초 주문진에서만 잡히는 생선으로 삼숙이의 표준어는 삼세기인데, 강원도에서는 삼숙이, 전라도에서는 삼식이라 불리고 예전에는 껍질이 매끄럽지 않고 못생겨서 그물에 걸리면 재수 없다고 버리던 생선이었지만 강원도 지방에서는 특색 있는 매운탕 재료로 쓰인다. 매운 고추장과 된장으로 맛을 낸 국물에 파, 마늘, 생강 등 여러 가지 양념을 넣고 끓이는 매운탕으로 구수하고 시원한 맛이 난다.

강원도 지역의 별미 음식으로 메밀막국수가 있는데 춘천막국수로 많이 알려져 있지만 인제, 원통, 양구 등의 산촌에서 더 많이 먹던 국수이다. 메밀을 익반죽하여 분틀에 눌러서 면을 뽑아내고 무김치와 양념장을 얹어서 비벼 먹거나 동치미 국물이나 꿩 육수를 부어 말아 먹기도 한다. 쟁반막국수는 최근에 개발해 낸 음식으로 오이, 깻잎, 당근 등의 채소를 섞어서 양념장으로 비빈 것으로 강원도를 대표하는 향토음식이다.

1) 강원도 축제 목록

지역	축제명	개최시기	주요 내용	주최/주관
강릉시	대현 율곡 이이 선생제	10월 25일~26일	제례행사, 문예행사, 경축행사	대현 율곡 이이 선생 제전 위원회
	망월제	12월 5일	연날리기, 떡메치기, 관노가면극, 용물달기, 다리밟기, 망월제, 뒤풀이한마당	임영민속연구회
	소금강 청학제	3월 11일	제례행사, 한마당놀이, 민속문화예술경연대회(투호, 장기, 제기차기 등) 노래자랑	연곡면 청학제추진위원회 연곡면사무소, 연곡면이장협의회
	강릉 단오제	7월 20일~27일	지정문화재행사, 단오 민속행사, 지역문화재공개, 중요무형문화재, 국내민속단 초청공연, 민속경축행사	강릉시/단오제 위원회
동해시	동해 오릉제	11월 첫 주	산신제, 풍년제, 길놀이, 민속놀이, 투호대회, 농악 경연	동해 무릉제위원회, 각급 기관단체
	정월 대보름맞이 큰 잔치	정월대보름	기원굿, 솟대세우기, 풍물놀이, 민속놀이, 투호, 액맞이굿, 달맞이고사, 달집태우기 등	동해시/민예총 동해시지부
	해맞이 축제	1월 1일	모듬북연주, 퍼포먼스 공연, 사물놀이, 달집태우기, 소망기원풍선날리기, 촛불 페스티벌, 망월놀이, 기원제	동해시/예총 동해시지부, 민예총 동해지부
	동해시 오징어 축제	8월 첫 주	풍어제, 영등풍신굿, 오징어배 해상 퍼레이드, 오징어맨손잡기, 오징어할복대회, 회썰기대회, 오징어요리경연, 오징어문제풀이, 바다수영 대회, 바다조개잡기	동해시/오징어 축제위원회
	늘푸른 바다 축제	8월 초	해변마술축제, 해변 가요제, 국악예술제, 해변 무용제 등	동해시/예총 동해시지부
춘천시	소양강 문화제	–	봉의산제, 길놀이, 민속체육 행사, 문예행사, 시민노래대회	소양강 문화제 추진위원회
	춘천 마임 축제	9월 중	게릴라공연, 도깨비난장, 도깨비열차, 벼룩시장	춘천 마임 축제 운영위원회
	춘천 인형극제	8월	인형극, 부대공연, 축제 공연, 아마추어 경연대회	춘천 인형극제 집행위원회
	춘천 국제연극제	8월	공식초청공연 및 국제 친교 행사	춘천 국제연극제 조직위원회
	춘천 애니타운 페스티벌	7월	어린이창작만화공모전, 인기 만화 작가 초청전, 애니메이션 제작설명회, 만화그리기 대회	춘천 만화축제 사무국
	막국수 축제	8월	장터운영, 막국수조리경연 대회, 조상전래막국수 재현, 연주회, 어린이사생대회	춘천막국수 축제위원회
	봄내 종합예술제	4월	김유정테마로 특화 개최, 종합예술제	예총 춘천시지부

(계속)

지역	축제명	개최시기	주요 내용	주최/주관
삼척시	죽서문화제	1월	삼원제, 연날리기 대회, 민속경기 등	죽서문화제 위원회
원주시	회촌 달맞이 축제	2월 5일	소원지쓰기, 당산제, 매지농악, 달집 태우기 등	회촌 정월대보름 달맞이 축제위원회, 원주매지농악보존회
	행구동 달맞이 축제	2월 5일	사물놀이, 연날리기, 쥐불놀이, 풍년기원제 등	행구동 대보름맞이 추진위원회, 행구동영서농악회
	치악산 복사꽃 축제	4월 중	복숭아 사진촬영대회, 사생대회, 복사꽃길 걷기	치악산 복사꽃 축제 추진위원회, 소초농업협동조합
	장미 축제	4월 5일	장미꽃전시, 장미작품 전시회, 장미차 시음회	장미 축제위원회, 단계동 청장년회
	섬강 축제	4월 8일	암벽등반대회, 맨손고기 잡기대회, 래프팅 등	섬강 축제추진위원회, 지정면 청년회
	한지 문화제	4월	북유럽판화작품전, 한지패션쇼, 대한민국 한재대전, 한지체험 등	원주 한지 문화제위원회, 원주 참여자치시민센터, (사)한지개발원
	치악제	10월 중	강원감사행차, 동악제, 치악 가요제, 향시 재현, 전국 휘호 대회	원주 치악제위원회
	원주 국제타투	10월	거리퍼레이드, 콘서트 마칭 등	원주시/원주국제타투위원회
태백시	태백산 눈축제	1월	눈조각대회, 설상 미니 축구대회, 개썰매 타기, 만리장성 눈미끄럼틀, 당골 행사장 등	태백시/눈축제위원회
	태백산 철쭉제	5월	모형 화석 만들기 및 화석 캐기, 화석 전시회, 철쭉그리기 대회, 백일장, 태백산 산신제 등	태백시/철쭉제위원회
	태백산 쿨시네마 페스티벌	8월 초	영화상영, 시네마카페, 한국영화 80년사, 나도 영화 속의 주인공, 등	태백시/쿨시네마 축제위원회
	태백제	10월 초	태백산 천제, 단군제, 태백산 산신제, 산업전사 위령제, 체육대회, 태백예술제	태백시/태백제위원회
홍천군	한서문화제	9월~10월	한서 남궁억 선생의 기념, 민속, 체육경기, 문화예술행사, 군민노래자랑	한서 문화제 위원회
	찰옥수수 축제	7월~8월	홍천 찰옥수수 홍보 행사, 옥수수왕선발대회, 옥수수요리경연대회, 옥수수 따기 체험	홍천군/찰옥수수 축제위원회

(계속)

지역	축제명	개최시기	주요 내용	주최/주관
속초시	설악 문화제	10월 초	통일대제, 산신제, 용왕제, 제례굿, 삼신합동제, 산악인한마음 잔치, 해양문화제전, 설악예술축전, 마상무예시연, 도문메나리 농요시연, 민속경기, 청소년 문화축전	속초시/설악문화제 위원회
	한여름밤의 문화 축제	7월 말~ 8월 초	갯마당 전통상설공연, 청소년 힙합, 가요, 사물놀이 특별 공연(22사단 군악대, 속초상고 관악부, 시민동아리)	속초시/속초문화원, 예총, 민예총
	대한민국 음악대향연	8월 초	트로트 공연, K-pop 공연, 최신가요 콘서트, 테마 콘서트	속초시
	속초 해맞이 축제	1월 1일	신년연주회, 창작무용, 대북공연, 불꽃놀이, 가수초청공연 등	
	설악 눈꽃 축제	1월 말	빙벽등반대회, 하얀눈길걷기, 설악산최고봉대회, 얼음놀이마당, 눈길 위 자전거여행	속초시/속초문화원
	속초 해양 페스티발	7월 말	해변문화축전, 해양체험축전, 작은 콘서트, 해변 영화제, 고성방가100곡, 오징어맨손잡기	
	학사평 순두부 축제	10월 중순	순두부 체험행사, 문화체험행사, 두부 제작 과정 재연, 전통 메주 만들기 등	속초시/학사평 순두부 축제위원회
횡성군	태풍 문화제	9월말~ 10월 초	전야제, 개막제, 각종공연, 더덕 등 농특산물행사, 민속행사이벤트	태풍문화제 위원회, 횡성문화원
	태기 문화제	2월	전야제, 개막제, 각종 공연, 민속경기, 회다지소리 및 어러리타령 경연 등	태기문화제 위원회, 정금민속 예술보존회
	4.1군민 만세운동 기념행사	3월 31일~ 4월 1일	기념식, 만세운동재현, 만세운동그림 공모전시 및 애국지사 친일파 사진전	횡성군/횡성문화원 춘천보훈지청 참여단체
	안흥 찐빵 한마당 큰잔치	10월 중	전야제, 찐빵이벤트, 전통문화체험 공연 등	안흥 찐빵 한마당 큰잔치 추진위, 안흥 찐빵 마을협의회
영월군	단종 문화제	4월	한시공모, 백일장, 정순왕후 선발, 가례, 단종대왕제향 및 어가행렬, 민속경기, 공연 행사 등	단종제 위원회
	영월 동강 축제	7월 말~ 8월 초	인라인 전국대회, MTB, 래프팅, 열기구, 행글라이더 및 패러글라이딩 대회,송어잡기, 동강생활체험, 삼굿체험	영월군/축제추진 위원회
	동강사진 축전	7월~8월	동강사진전, 강원명사사진전, 동강사진상, 동강사진 워크샵 및 포트폴리오 리뷰 등	영월군/동강사진 마을운영 위원회
	김삿갓 문화큰잔치	10월	고유제, 백일장, 휘호대회, 민화공모전, 마대산 등반행사, 공연행사 등	영월군/시선 김삿갓 유적보존회

(계속)

지역	축제명	개최시기	주요 내용	주최/주관
평창군	대관령 눈꽃 축제	1월	알몸마라톤대회, 눈조각 경연대회, 대관령등반대회, 전통썰매(소발구 등)	대관령 눈꽃 축제위원회
	무이 정월대보름 달맞이 행사	1월	대동망월제, 달집태우기, 대보름 세시풍습	무이 정월대보름 달맞이 위원회
	평창강 민속 축제	6월	농주빚기경연, 전통공차기, 전통공예품 전시	평창강 민속 축제위원회
	효석 문화제	9월 초	효석백일장, 문학심포지움, 메밀음식 시식회, 문학의 밤	효석문화제 위원회
	강원 감자 큰잔치	9월	감자음식 경연, 감자캐기 등 체험 행사, 감자왕 선발, 감자관 등 전시행사	평창군/KBS춘천방송총국, 강원농협, 감자 큰잔치 추진위원회
	노성제 및 군민의 날	10월	충의제, 민속체육행사, 군민의 날 행사, 문화예술 행사	평창군/노성제 위원회
	오대산 축제	10월	탑돌이 및 바라춤, 연등행사, 장뇌삼 심기, 오대산 산악자전거	오대산 축제 위원회
정선군	정선 아리랑제	10월	아리랑 민속주막촌, 칠현제례, 정선아리랑 경창, 아리랑 노랫말 짓기, 토속사투리 경연, 정선아리랑창극, 아태인형극제 공연, 아리랑 심포지엄, 아리랑 유적지 투어	정선 아리랑제 위원회
철원군	태봉제	10월 초	태봉제례, 철원 쌀아가씨 선발, 태봉 학생 종합예술제 등	철원군/태봉제위원회
	한탄강 여름 축제	8월	영화상영, 연극공연, 음악회, 군민 라이브축제 등	철원군
	래프팅 축제	8월	전야제, 레이싱경기, 슬라럼경기	철원군/래프팅연합회
	서바이벌 축제	5월, 10월	전야제, T&T슈팅게임, 팀 대항 메인게임	철원군/서바이벌연합회
화천군	용화축전	10월	씨름, 줄다리기, 족구, 축구, 향토주 마시기, 농악, 파구, 힘자랑등	화천문화원, 용화축전 추진위원회
	비목 문화제	6월	위령제, 추모공연, 병영체험, 문교체험,옛전 우만남의 장, 주먹밥 먹기 체험 등	화천군/비목마을, 비목문화제 조직위원회
	물의 나라 화천쪽배 축제	7월~8월	쪽배콘테스트, 대물낚시대회, 산천어 맨손잡기, 계곡피크닉 등	화천군 번영회, 쪽배축제 추진위, 이데아커뮤니케이션
	얼음나라 화천 산천어 축제	1월	산천어 낚시대회, 얼음축구대회, 빙상경기대회, 눈썰매타기 등	화천군/화천군번영회, 화천군생활 체육협의회, 산천어 축제 추진위원회

(계속)

지역	축제명	개최시기	주요 내용	주최/주관
양구군	동계 민속예술 축제 및 노인 연날리기 대회	2월(하루)	얼음장치기, 얼음축구, 떡메치기, 민속놀이, 사람함지박타고밀기, 얼음 줄다리기 등	양구군/대한노인회 강원도연합회 양구문화원
	국토정중앙 달맞이 축제	2월 5일	달맞이놀이, 전통음식 만들기 및 시식, 새해소망기원 소지돌리기	백우회
	도솔산 전적 문화제	6월	통인염원 촛불행진, 전국남여궁도대회, 병영음식체험전, 위령비 추모식 행사, 옛 전우 만남의 장 등	강원도/해병대 사령부, 양구군 도솔산전적 문화제 위원회
	양록제	10월	양록제례, 군민등반대회, 군민노래자랑, 미속경기, 체육경기, 상설행사 등	양구군/양록제위원회
인제군	인제 빙어 축제	1월 또는 2월	레포츠체험행사, 얼음민속 체험, 민속공연, 상설전시, 어린이 놀이공원, 먹거리 조성	인제군/빙어축제 추진위원회
	하늘내린 인제 레포츠 축제	8월 초	레포츠 행사 6종, 체험 행사 4종 등	인제군/인제 레포츠 추진위원회
	황태 축제	2월 말~3월 초	싸리작고매기, 관태, 까뮉기, 황태투호, 황태포 만들기, 황태요리 경연대회 등	인제군 북면/황태 축제 추진위원회
고성군	고성 군민의 날 및 수성 문화제	9월	제례행사, 경축 및 전야제, 가장행렬,시가행진, 농악시연, 읍면 및 직장 대항 체육 행사	고성군/수성문화제 추진위원회
	고성 명태 축제	2월	풍어제, 명태요리 시식회, 명태경매재연, 명태덕장 전시, 군함전시, 노짓기 대회, 기타 부대행사	고성군/고성 명태 축제 위원회
양양군	현산 문화제	단오 전후	고치물제, 성황제, 각종 전시회, 민속체육 경기, 군민 노래자랑 등	현산 문화제 위원회, 양양문화원
	양양 송이 축제	10월	송이채취 현장체험, 송이보물 찾기, 송이요리, 전문점운영, 길거리공연	송이 축제 위원회
	연어 축제	10월~11월	맨손잡이체험, 문화행사, 상설행사	양양군
	양양 낙산 해맞이 축제	1월 1일	전야제행사, 해맞이본행사, 부대행사	

2) 강원도 지역 농가 맛집

농가 맛집	특징	주소	연락처	대표메뉴
달래촌	심신을 달래주는 강인한 밥상	양양군 현남면 화성촌로 634	033-673-2201	송이밥상, 약산채달래밥상
대득봉	대득봉 산기슭 아래 퍼지는 은은한 두릅향	철원군 길말읍 턱솔 1길 47	033-452-2915	황기백숙, 오대두릅밥
배추고도 귀네미	싱그러운 녹빛바다가 펼쳐지는 청정지역	태백시 귀네미 1길 68	010-2442-1631	멧돼지묵은지정식, 올챙이국수
시지초가뜰	농부들의 지친 심신을 다스려 주는 곳	강릉시 난곡길 76번길 43-8	033-646-4430	못밥, 질상, 씨종지떡
잿놀이	산해진미 가득한 아름다운 나눔의 밥상	고성군 토성면 잽버리동로 383	033-637-0118	잿놀이밥상, 한방 문어닭
정선골	한상 가득 울리는 아리랑가락	정선군 화양면 북동로 765	033-562-2124	황기닭백숙, 곤드레밥

감자전골──◦

감자는 강원도의 대표적인 농산물이다. 감자가 대표적인 만큼 지명에서도 강원도에는 감자골이라는 지명을 가진 마을도 많고, 강원도 사람을 부를 때도 감자골 사람, 감자바우라고 부르기도 한다. 강원도는 지리적으로 해발 600m 이상의 고랭지이다 보니 일교차가 커서 감자를 재배하기에 최적의 여건을 가지고 있다. 감자의 주 출하시기는 9월 중순에서 말쯤이다.

❀ 재료 및 분량

감자 5개, 당근 1/2개, 쇠고기 200g, 표고버섯 5개, 청고추 4개, 육수 4컵, 다진 파 1큰술, 소금·다진 마늘 1작은술씩, 후춧가루 1/2작은술, 밀가루 약간

쇠고기양념 간장 2큰술, 설탕·참기름 1/2큰술씩

❀ 조리방법

1 감자는 껍질을 벗겨 3개는 강판에 갈아 면포에 싸서 물기를 짜 놓는다.

2 감자 건더기와 가라앉힌 앙금, 밀가루를 섞어 완자를 빚는다.

3 쇠고기는 4×0.3×0.3cm로 굵게 채썰어 간장, 설탕, 참기름에 양념해 볶는다.

4 감자 2개, 당근, 표고버섯, 풋고추는 5cm 길이로 채썬다.

4 냄비 가운데 완자를 놓고 쇠고기를 얹는다.

5 4의 가장자리에 채썰어 놓은 재료를 담아 육수를 붓고 다진 파, 다진 마늘을 넣고 끓인 후 소금, 후춧가루로 간한다.

감자옹심이—•

감자옹심이는 강원도 정선군·영월군 등지에서 시작된 요리로 감자앙금(전분)을 동그랗게 만들었기 때문에 붙여진 이름이다. 옹심이는 '옹시미'로 쓰기도 하는데, 모두 '새알심'의 사투리(방언)이다. 원래는 팥죽 속에 넣어 먹는 새알만한 덩어리로, 찹쌀가루나 수숫가루로 동글동글하게 빚은 것을 말한다. 감자옹심이 역시 처음에는 새알심처럼 작고 동글동글하게 만들었으나, 익는 시간이 오래 걸리고 일손도 부족해 수제비처럼 얇고 넓게 떼어 넣다 보니 현재의 감자 수제비 형태로 변형되었다. 즉 조리 과정에서 빨리 익히고 먹기 편하도록 하기 위해 만드는 방법이 약간 바뀐 것이다.

🏵 재료 및 분량

감자 5개, 황백지단채 100g, 애호박 1/3개, 홍고추 1개, 청고추 1개, 소금 1/2큰술, 깨소금 2큰술

장국국물 멸치 40g, 다시마 15g, 대파 1/2뿌리, 양파 1/2개, 무 1/4개, 물 10컵

🏵 조리방법

1 감자는 씻어 껍질을 벗겨 강판에 갈아 면포에 담아 물기를 짠 다음 건더기는 두고 물을 가라앉혀 전분을 만든다.

2 1의 전분과 감자 건더기를 섞어 소금으로 간을 하여 새알 크기로 빚는다.

3 애호박은 5×0.3×0.3cm로 채썰고 청·홍고추는 0.3cm 두께로 어슷하게 썰어 물에 헹궈 씨를 제거한다.

4 장국국물에 2의 옹심이를 넣고 끓이다가 3의 채소를 넣고 한소끔 끓인다.

5 4에 소금 간을 한 후 그릇에 담는다.

능이버섯죽—

버섯의 맛을 표현할 때 첫째가 능이버섯, 둘째가 송이버섯, 셋째가 표고버섯이라는 말이 있다. 그만큼 능이버섯은 맛과 향, 식감 등이 우수하여 찬사를 받아왔다. 능이버섯은 가을에 참나무나 물참나무 등 활엽수림에서 자라는 버섯으로 색깔이 검고 향기가 진해 오래 전부터 고급요리에 이용되어 왔을 뿐만 아니라 민간에서는 육류를 먹고 체했을 때 소화제로 이용하였고 현대에서는 추출물을 이용하여 화장품의 원료로 사용하고 있다. 강원도 창녕 조씨의 조상들이 '서지오약쌈'이라는 음식을 개발하여 사랑채 손님상에 올렸다고 하는데 이는 폐와 자궁에 좋은 능이버섯을 비롯한 대추, 부추, 더덕, 취나물을 이용한 음식이다.

능이버섯은 건조시키면 향기가 강해지고 익히면 검게 변하여 쫄깃하고 아삭하다. 건능이버섯은 떫은맛이 강하므로 요리할 때 뜨거운 물에 데쳐 떫은맛을 빼는 것이 좋으며 말리지 않고 그대로 냄비에 넣게 되면 국물이 새까맣게 되므로 채취 후 바로 건조시켜 요리에 이용해야 한다.

능이버섯은 강원도 지방의 깊은 산, 공기가 아주 좋은 곳에서 3년에 한 번 정도만 채취가 가능한 버섯으로 버섯류와 산채류를 이용한 음식이 강원도에서는 많이 발달하였다.

비타민 B_2는 송이버섯에 비해 9배 많으며 에르고스테롤도 풍부하다. 능이버섯 추출물은 기관지, 천식, 감기, 콜레스테롤 수치 저하, 암 등에 효과가 있으며, 특히 위암에 강한 효능을 나타내는 것으로 알려져 있다.

❀ 재료 및 분량

쌀 1컵, 마른 능이버섯 30g, 들기름 1큰술, 국간장 2큰술, 능이버섯 불린 물 7~8컵

❀ 조리방법

1 쌀을 3시간 정도 불린다.

2 능이버섯은 불순물을 털어내고 찬물에 30분 이상 담가 불린 후 건진다.

3 2의 능이버섯은 손으로 물기를 짜낸 뒤 곱게 채썬다

4 1의 쌀을 냄비에 넣고 들기름에 볶다가 능이버섯 우린 물을 붓고 끓인다.

5 4에 채썰어둔 능이버섯과 간장을 섞어준 뒤 다시 끓기 시작하면 불을 줄여 약불에서 뜸을 들인다.

TIP 능이버섯과 쌀 불린 물은 죽 끓일 때 사용한다.

메밀총떡

메밀전병

세종 때 펴낸 《구황벽곡방》을 보면 메밀은 선조 때부터 재배해 온 대표적인 구황작물이다.

메밀총떡은 1680년 《요록》에서는 '견전병', 1600년대 말엽의 《주방문》에는 '겸절병법'이라고 기록되어 있고 1938년 《조선요리》에 '총떡'이라는 명칭이 처음 사용되었다. 메밀총떡의 주재료인 메밀은 강원도의 대표작물 중 하나로서 고산지대 자갈밭에서 수확한 것이 품질이 좋아 이를 이용한 음식이 많다.

메밀총떡은 메밀가루를 묽게 반죽해서 얇게 지져서 소를 넣고 말아 익히는 것으로 지지는 떡(유전병)에 속하고, 강원도에서는 메밀총떡, 경북에서는 총떡, 혹은 메밀전이라 부른다. 제주도에서는 속에 무를 넣는 '빙떡'이라는 유사한 음식이 있고 강원도에서는 속재료로 갓김치를 넣으며 최근에는 배추김치, 돼지고기, 오징어와 같은 재료를 양념해서 넣기도 한다.

❀ 재료 및 분량

메밀가루 4컵, 물 6컵, 소금 2작은술, 갓김치 600g, 식용유 적당량

전병소 다진 파, 다진 마늘 2큰술씩, 참기름 4큰술, 깨소금 2작은술

❀ 조리방법

1 메밀가루에 물을 부어 갠 후 소금 간을 하여 묽게 반죽한다.

2 갓김치는 속을 털고 물기를 꼭 짠 후 송송 썬다.

3 2의 갓김치에 다진 파, 다진 마늘, 참기름, 깨소금을 넣고 양념하여 소를 만든다.

4 달군 팬에 식용유를 두르고 1의 메밀 반죽을 한 국자씩 떠 놓아 얇고 둥글게 편다.

5 한 면이 익으면 뒤집은 다음 앞에서 1/3쯤 되는 곳에 3의 소를 길게 놓아 김밥처럼 돌돌 말아 노릇노릇하게 부친다.

메밀콧등치기—◦

'콧등치기'라는 이름은 국수가락이 두껍고 면이 쫄깃하면서 탄력이 좋아서 먹을 때 콧등을 친다고 해서 붙여진 재미있는 이름이다. 또 다른 유래는 뜨거울 때 먹으면 땀이 코에 송글송글 맺힌다고 하여 '콧등튀기'라고 부르기도 한다. '콧등국수'라고도 하는데 정선아리랑의 문화유적지인 아우라지가 가까운 지역에서 불리는 이름이다.

❀ 재료 및 분량

메밀가루 2컵, 밀가루 4컵, 갓김치 600g, 애호박 1/2개, 감자 4개, 김 2장, 물 2컵, 국간장 2큰술, 소금·깨소금 1/2작은술씩

장국국물 무 200g, 다시마 15g, 멸치 40g, 양파 1개, 청양고추 2개, 대파 1/2뿌리, 생강 4쪽, 물 15컵

갓김치 양념 고춧가루·다진 파 2큰술씩, 다진 마늘·참기름·깨소금 1큰술씩

❀ 조리방법

1 분량의 재료로 장국국물을 만든다.

2 메밀가루와 밀가루를 섞어 소금을 넣고 따뜻한 물 1컵을 부어 익반죽한 후 밀대로 두껍게 밀어 0.5cm 너비로 썬다.

3 애호박과 감자는 5×0.2×0.2cm로 가늘게 채썬다.

4 갓김치는 양념을 털어 내고, 분량의 갓김치양념을 넣고 무친다.

5 장국국물에 **2**에 **3**을 넣고 국간장을 넣고 소금으로 간하여 끓인다.

6 국수가 익으면 그릇에 담고 양념한 갓김치와 잘게 썬 김을 올린다.

곰치국——❀
물메기국

곰치는 동해에서는 곰치 또는 물곰, 남해에서는 물메기 또는 물미거지, 서해에서는 물텀벙이 또는 잠뱅이라고 불린다. 같은 생선을 부르는 말이 해안마다 다른 것은 그만큼 흔하면서도 인기가 있는 생선인 것이다. 물텀벙이는 곰치의 생김새가 그리 훌륭하지 못한데 어부들이 잡아올린 곰치를 보고 다시 물에 '텀벙' 던져 버렸다고 해서 붙은 이름이다.

곰치(물메기)는 비린 맛이 적은 고기로 지방질이 적어 육질이 담백하고 연하여 수저로 떠서 먹는 유일한 생선이다. 입에서 살살 녹아내리는 그 맛이 일품인데, 연근해 어종이라 생선이 항상 신선하며 겨울철에는 따뜻한 국으로 추위를 덜어 주기도 한다. 또한 숙취 해소에 좋아서 곰치국 한 그릇을 먹고 땀을 내면 땀과 함께 전날 마신 약주로 인한 숙취가 달아나 버린다고 한다. 조선시대 물고기 백과사전인 《자산어보》에도 곰치를 "맛이 순하고 술병에 좋다"고 기록하였다.

❀ 재료 및 분량

곰치(물메기) 900g, 배추김치 70g, 물 13컵, 대파 1뿌리, 고춧가루·다진 마늘·소금 1.5큰술씩

❀ 조리방법

1 대파는 손질하여 어슷하게 썰고, 배추김치는 속을 털어내고 송송 썬다.

2 곰치는 손질하여 먹기 좋은 크기로 썰어 냄비에 넣고 물을 부어 푹 끓인다.

3 2에 1의 배추김치를 넣고 한소끔 더 끓인다.

4 3에 다진 마늘, 고춧가루를 넣고 한소끔 끓인 후에 대파를 넣고 소금으로 간을 한다.

산채비빔밥 ──❋
산채나물밥

비빔밥은 밥 위에 갖은 나물과 고기 등을 얹어 양념에 비벼 먹는 음식으로 '섞어 비빈 밥'이란 뜻을 담고 있다. 비빔밥은 제철에 나는 여러 가지 채소들로 나물을 만들어 밥과 비벼 먹기 때문에 먹기에 간단하면서도 영양적으로 균형이 잡힌 식사를 할 수 있다.

궁중에서는 비빔밥을 '골동반(骨董飯)'이라 하였는데 '여러 재료가 고루 섞여 있는 밥'이라는 뜻이다. 지금까지 발견된 문헌 중에서 '골동반'이란 글자가 적힌 가장 앞선 기록은 《시의전서》이다. 이 책에는 한자로 골동반(骨董飯, 汨董飯)이라 쓰고, 한글로 '부빔밥'이라 적었다. 궁중에서는 왕실 종친들이 입궐하였을 때에 점심에 차리는 상으로 먹었으며, 평민들은 섣달 그믐 저녁에 남은 음식의 해를 넘기지 않기 위해 남은 밥과 반찬을 모두 넣어 비벼 먹었다.

비빔밥에 들어가는 재료는 정해져 있는 것이 아니라 각 지역에서 제철에 나는 여러 가지 재료를 다양하게 조합하므로 현지화가 쉽고, 사용되는 재료와 만드는 지역에 따라 종류도 다양하다.

쌀이 부족했던 시기에 산지가 많은 강원도에서는 주변에서 쉽게 찾아 볼 수 있는 고산식물인 더덕, 고사리, 신선초 등을 이용해 밥을 해 먹었다. 현재는 이 산채비빔밥을 별미로 즐기기도 한다. 비빔밥에 들어가는 밥은 질게 짓지 않고 고슬고슬하게 짓는 것이 맛이 더 좋다.

🌸 재료 및 분량

쌀 600g, 산채 200g, 숙주 100g, 도라지 8뿌리, 당근 1/2개, 쇠고기 200g, 들기름 3큰술, 국간장, 다진 마늘 1큰술씩, 식용유 적당량

쇠고기 양념 간장 2큰술, 다진 파·다진 마늘 1큰술씩, 깨소금·참기름 약간씩

볶음 고추장 고추장 2큰술, 다진 쇠고기 30g, 설탕 1/2큰술, 다진 파·다진 마늘 1/2작은술씩, 참기름 1작은술

🌸 조리방법

1 쌀은 깨끗이 씻어 물에 30분 정도 담가 불려 놓는다.

2 쇠고기는 잘 손질하여 정해진 분량대로 준비한다.

3 정해진 분량의 볶음고추장 양념은 잘 섞어 볶는다.

4 산채는 삶아 건져 찬물에 담가 쓴맛을 우려 낸 다음 물기를 짜서 국간장과 다진 마늘을 약간 넣고 달군 팬에 들기름을 두르고 볶는다.

5 도라지는 가늘게 찢어 소금에 비벼 씻은 다음 5cm 길이로 잘라 다진 마늘을 넣고 식용유에 볶는다.

6 당근은 5cm 길이로 가늘게 채썰어 달군 팬에 식용유를 두르고 소금을 넣어 볶는다.

7 숙주는 살짝 데쳐 물기를 꼭 짜고 다진 마늘, 소금, 참기름을 넣어 무친다.

8 밥을 고슬고슬하게 지어 그릇에 담고, 볶은 쇠고기, 각종 나물은 그릇에 색을 맞추어 담은 후 고추장을 곁들인다.

다슬기 해장국——
달팽이 해장국

다슬기는 지역에 따라 여러 명칭으로 불린다. 강원도에서는 다슬기, 달팽이라 불리고 충북과 경남에서는 올갱이, 충북에서는 고등이, 전북, 경남에서는 다슬기, 전남에서는 대사리, 경북에서는 골뱅이, 골부리, 경남에서는 고등, 경남에서는 고다라고 각기 다른 재미있는 이름으로 불린다.

보통 계곡의 바위틈이나 물살이 세고 수심이 깊은 강에서 많이 잡히며, 강원도 쪽의 다슬기는 황갈색을 띤다. 다슬기만의 독특한 시원함이 있기 때문에 해장국의 재료로 많이 이용하고 있고, 《동의보감》에 따르면 간기능 개선과 황달 치유에 좋으며 위장을 맑게 하는 효과가 있다고 나와 있으며, 숙취해소에도 탁월하다.

❁ 재료 및 분량

다슬기 400g, 아욱 2단, 부추 1단, 물 15컵, 된장 6큰술

❁ 조리방법

1   다슬기를 씻어 끓는 물에 넣고 삶는다.

2   **1**의 다슬기를 건져 알갱이를 빼내고, 국물은 받쳐둔다.

3   아욱은 줄기를 꺾어서 껍질을 벗기고 주물러 씻어 아린 맛과 푸른 물을 뺀다.

4   부추는 다듬어 씻어 4cm 길이로 썬다.

5   **2**의 다슬기 국물에 된장과 **3**의 아욱을 넣고 푹 끓인다.

6   **5**에 부추와 다슬기 알맹이를 넣고 한소끔 끓인다.

오징어간장볶음—

《동의보감》,《물명고》,《물보》,《전어지》,《규합총서》 등의 옛 문헌에 의하면 오징어는 오중어·오증어·오적어·오적이·오직어 등으로 다양하게 불렀다. 한자어로는 오적어(烏賊魚)가 표준어였고, 다른 명칭으로는 오즉(烏鯽)·남어(纜魚)·묵어(墨魚)·흑어(黑魚)라고도 하였다.

오징어를 한자로 쓴 것이 오적어(烏賊魚)이다. 한자 그대로 오징어를 풀이한다면 오징어는 까마귀 도적이라는 말이다. 오랜 문헌에 의하면 오징어가 물 위에서 죽은 척하고 떠 있다가 까마귀가 이것을 보고 달려들면 다리로 감아 물속에 끌고 들어가 먹는 모습을 이름의 유래로 풀이하고 있다.

다른 의견으로는 오징어가 까만 먹물을 뿜어내는 것을 보고 까마귀가 연상되어 까마귀 '오(烏)'에 물고기를 뜻하는 '즉(鯽)'자를 사용하여 '오즉어(烏鯽魚)'라 쓰였다. 전해지는 과정에서 음이 같은 '오적어(烏賊魚)'가 되고, 이 '오적어'라는 한자어에 맞추어 까마귀를 잡아먹는다는 이야기가 만들어졌을 것이라고 설명하기도 한다.

강원도에서는 오징어가 많이 잡히는데, 특히 주문진이 오징어 산지로 유명하다. 오징어에는 아미노산 중 타우린이 다른 어류에 비해 많이 함유되어 있어, 피를 보충하는 작용을 한다. 특히 여성의 빈혈, 폐경기, 갱년기 여성에게 좋은 식품이며, 칼로리가 적고 불포화지방산이 많다. 오징어의 먹물은 항균, 항암 작용을 하는 것으로 알려져 있다. 신선한 오징어는 짙은 흑갈색이고 투명하여 눌러 보았을 때 단단하고 탄력이 있는 것이 좋다.

🏵 재료 및 분량

오징어 4마리, 양파 1개, 당근 1/2개, 청·홍고추 2개씩, 식용유 약간

양념장 간장 6큰술, 설탕 2큰술, 다진 파·다진 마늘·맛술 1큰술씩, 올리고당 1큰술

🏵 조리방법

1 분량의 양념을 잘 섞어 양념장을 준비한다.

2 오징어는 내장과 다리를 떼어 내고 깨끗이 씻어 껍질을 벗기고 안 쪽 면만 1cm 간격으로 칼집을 내어 양념장에 재운다.

3 양파와 당근은 2×5cm 크기로 썰고 청·홍고추는 어슷썰기 한다.

4 달군 팬에 식용유를 약간 두르고, **2**의 오징어와 양파, 당근, 청·홍고추를 센 불에서 볶는다.

옥수수전 —❋

옥수수는 옛부터 우리나라에서 강냉이, 강내미, 옥시기라 불려왔으며 재배분포가 널리 퍼져 있고 벼, 밀과 함께 세계 3대 화곡류(禾穀類) 식량작물에 속한다.

지금은 대부분 옥수수를 간식으로 즐기지만 궁핍했던 시절에는 옥수수를 주식으로 먹었다. 밥을 대신할 수 있는 탄수화물이 풍부한 '곡류군' 식품에 속하는데 옥수수 1/2개의 열량은 밥의 1/3공기 정도에 해당한다. 옥수수에는 탄수화물 이외에도 몸에 좋은 불포화지방산도 들어 있다. 옥수수 씨눈에는 지방함량이 풍부하여 옥수수기름을 짜서 사용하기도 한다. 씨눈 속 지방에는 양질의 불포화 지방산, 특히 비타민 E(토코페롤)이 많아 노화방지에도 도움을 준다. 소화율이나 칼로리가 쌀·보리에 뒤떨어지지 않으나 단백질이 적으므로 주식으로 하려면 콩과 섞어 먹거나 단백질 식품인 우유·고기·달걀 등과 함께 먹는 것이 바람직하다. 옥수수 수염은 이뇨 효과가 뛰어나 예로부터 신장병과 당뇨병에 민간약제로도 쓰였다.

❀ 재료 및 분량

옥수수 알 200g, 밀가루 100g, 달걀 2개, 물1/2컵, 소금 1작은술, 설탕 1큰술

❀ 조리방법

1. 옥수수와 물을 넣고 믹서기에 갈아준다.
2. 1에 밀가루와 달걀을 넣고 반죽한다.
3. 2에 소금과 설탕으로 간을 한다.
4. 달군 팬에 식용유를 두르고, 3의 반죽을 조금씩 떼어 지름 5cm 크기로 노릇노릇하게 부친다.

조감자밥——❋

좁쌀은 오곡 중 하나로 밥 먹기 어려웠던 시절의 중요한 식량자원이었다. 차조에 비하여 알이 굵고 끈기가 적으며 빛이 노랗다. 감자 또한 구황기 때 즐겨먹던 식량으로서 가난했던 시절 우리 조상들은 쌀밥 대신 조와 감자를 섞어 조감자밥을 해 먹었다. 감자로 밥을 지을 때는 감자가 함유하고 있는 수분 함량을 고려하여 일반 곡류로만 지을 때보다 물의 양을 적게 넣어야 한다.

🏵 재료 및 분량

감자 5개, 조 4컵, 물 5컵

🏵 조리방법

1 조를 씻어 1시간 정도 물에 불린다.

2 감자를 씻어 껍질을 벗긴 후 8등분한다.

3 솥에 불린 조와 물을 붓고 감자를 얹어 밥을 짓는다.

4 감자가 익으면 약한 불로 뜸을 들인다.

홍합죽 ——
섭죽

홍합을 남해안에서는 열합, 합자, 담치라고 하는데, 동해안에서는 섭조개라 부른다. 《규합총서》에는 '바다의 것이 모두 짜지만 홍합만 홀로 싱겁기 때문에 담채(淡菜)라 하고 또 동해부인(東海夫人)이라고 한다.'고 쓰여 있다. 홍합의 한자어에 채소를 뜻하는 채(菜)자를 사용한 이유는 바다 채소, 즉 해초이기 때문이다. '싱거운 채소'란 의미의 담채로 홍합을 부르다가 오랜 세월이 지나면서 '담치'로 변하게 된 것으로 추정된다.

《동의보감》에 따르면 홍합은 '오장의 기운을 보호해 주며 허리와 다리를 튼튼하게 하며 성기능 장애를 치료한다. 몸이 허약해서 자꾸 마르거나 아기를 낳은 후에 어혈이 생겨 배가 아플 때 이용하면 좋다.'고 하며 부인들에게 아주 유익한 음식이다. 또한 홍합은 맛이 달고 따뜻할 뿐만 아니라 타우린(taurine)이 들어 있어 간 기능을 보호해 주는 효과가 있다.

동해안에서 생산되는 섭은 양식 홍합과 달리 굵고 단단하며 껍데기에 해초 등이 붙어 있고 줄지은 나이테가 선명하다. 또한 섭은 양식 홍합과 달리 속살을 삶아도 짙은 진홍색을 띠며 쫄깃한 맛과 향이 그대로 남아 있다. 그래서 섭을 먹으면 속살이 예뻐진다고 하여 '동해부인'이라는 별명이 있다.

해산물로 죽을 쑬 때에는 참기름으로 재료를 먼저 볶다가 끓여 구수한 맛을 내는 것이 일반적이지만, 섭죽은 담백한 맛을 내기 위해 기름에 볶지 않는 것이 특징이다. 물을 넉넉히 부어 쌀알이 퍼졌을 때에 수제비를 뜯어 넣기도 한다. 주의사항으로는 비가 온 다음날에는 홍합죽을 끓이지 않는데, 이때 잡힌 홍합으로 죽을 끓이면 배탈이 나기 때문이다. 또한 여름 산란기 홍합살은 검은 테에 독성이 많아 주의해서 조리해야 한다.

✿ 재료 및 분량

홍합 4컵, 쌀 5컵, 배추김치 200g, 물 적당량

양념장 간장 2큰술, 참기름 2작은술, 깨소금 1작은술

✿ 조리방법

1 홍합은 껍데기를 벗겨 안 내장을 빼고 끓는 물에 삶는다.
2 쌀은 깨끗이 씻어 2시간 정도 충분히 불린다.
3 배추김치는 속을 털어내고 송송 썬다.
4 쌀과 배추김치를 볶다가 홍합 삶은 물을 넣고 끓인다.
5 분량의 양념을 잘 섞어 양념장을 만들어 곁들인다.

지누아리무침 ― ❀

지누아리는 톳과 비슷한 해초다. 지누아리에는 식이섬유인 알긴산이 함유되어 있어 대장기능을 개선하여 변비완화, 숙변해소 등의 효과가 있고, 불필요한 지방과 콜레스테롤, 중금속, 유해물질을 배출시키는 효능이 있다.

✿ 재료 및 분량

지누아리 300g, 참기름 1.5작은술, 소금, 통깨 1작은술씩

양념장 간장·고추장 2큰술씩, 깨소금·다진 파·다진 마늘 2작은술씩, 소금 약간

✿ 조리방법

1 지누아리를 소금으로 문지른 다음 씻어 손질하여 물기를 뺀다.

2 분량의 재료를 섞어 양념장을 만든다.

3 1의 지누아리에 2의 양념장과 참기름, 통깨를 넣고 무친다.

풋옥수수범벅 —❋
풋강냉이범벅

범벅은 죽의 일종으로 죽, 범벅, 미음으로 구분되며, 범벅은 독특한 맛과 특색을 지니고 있어 별미음식으로 구분한다. 1700년대의 《음식보》에 따르면 '범벅같이'라는 말이 나오는 것으로 보아 이미 18세기부터 있는 음식임을 알 수 있다. 옥수수범벅의 경우 여름철 더위에 허해진 몸을 보완할 겸 별미로 해먹었으며, 이가 약하거나 허약한 이들도 많이 먹었다. 옥수수범벅은 풋강냉이의 알을 떼어 넣고 팥·강낭콩과 함께 물 5컵을 붓고 잘 무를 때까지 푹 끓인다. 물이 거의 없어지고 팥과 콩이 터지도록 익으면 소금으로 간을 맞춘 후 뜸을 들여 먹는 음식이다.

❀ 재료 및 분량

풋옥수수 5컵, 팥 1컵, 강낭콩 2/3컵, 물 8컵, 소금 1.5작은술

❀ 조리방법

1 풋옥수수를 알알이 뗀다.

2 팥과 강낭콩은 씻어 물을 붓고 삶는다.

3 2에 옥수수를 같이 넣고 물을 더 넣어 약 1시간 정도 푹 끓인다.

4 팥과 콩이 푹 익으면 소금으로 간을 맞추고 뜸을 들인다.

콩죽 ❀

곡물로 만든 음식 중 가장 오래된 음식이 죽(粥)이다. 중국 《서경》에 죽에 대한 기록이 처음 나오는데 "황제(黃帝)가 비로소 곡물을 삶아서(烹) 만들었다"고 하였다. 농경문화가 싹틀 무렵부터 인류는 토기에다 물과 곡물을 넣고 가열한 죽을 만들어 먹었다.

콩죽은 팥죽이나 녹두죽보다 양질의 단백질 함량이 많아 대체로 더운 계절에 적당한 음식이다. 콩죽을 많이 끓일 때는 콩 간 것을 가라앉혀 윗물을 먼저 끓이고 끓은 후에 앙금을 넣는 것이 바닥에 눋지 않아서 좋다.

🌸 재료 및 분량

흰콩 2컵, 쌀 1컵, 물 12컵, 소금 2작은술

🌸 조리방법

1 쌀은 깨끗이 씻어 2시간 이상 불린 다음 소쿠리에 건져 물기를 뺀다.

2 콩은 씻어서 5시간 정도 물에 불려서 콩이 충분히 잠길 정도로 물을 붓고 센불에서 끓이다가 끓어오르면 중불로 낮추어 20분 정도 더 삶는다.

3 **2**의 콩을 건져서 두 손으로 비벼 껍질을 벗겨 분쇄기에 물 6컵을 조금씩 넣으면서 곱게 갈아서 체에 밭친다.

4 냄비에 **3**의 콩을 넣고 끓기 시작하면 쌀을 넣어 눋지 않도록 저어 준다.

5 한 번 끓어오르면 불을 약하게 줄여서 쌀알이 완전히 퍼질 때까지 나무주걱으로 저으면서 끓인 후 소금 간한다.

감자붕생이——❄

강원도 영월 지방에서는 감자붕생이를 감자뭉생이 또는 감자범벅이라고도 부른다. 찐 감자를 밀가루와 섞어 반죽하여 들기름, 소금, 설탕 등을 넣어 찐 뒤 호박잎에 싸서 고추장에 찍어 먹는다. 감자뭉생이와 감자투생이는 약간 다른데 감자뭉생이는 간 감자를 물기를 짠 후에 앙금과 건더기를 혼합하여 시루떡으로 쪄내는 방법이고, 감자투생이는 감자 건더기에 녹말가루를 섞어 적당하게 떼어 내서 찌는 방법으로 한다.

감자는 알칼리성 식품으로 고구마와 달리 당분이 적은 편이다. 알칼리성 식품이기 때문에 산성식품인 육류나 콩과 같이 섭취하는 것이 좋다. 감자에 들어 있는 칼륨 성분은 위 속의 산과 알칼리의 균형에 영향을 주기 때문에 과산성 위염에 도움이 되고, 칼륨이 염분을 체외로 배출하는 작용이 있어 고혈압 예방에 도움이 된다.

강원도

✽ 재료 및 분량

감자 15개, 감자전분 1컵, 풋 강낭콩 400g, 소금 1작은술, 물 적당량

✽ 조리방법

1 감자를 깨끗이 씻어 껍질을 벗긴 다음 7~8개 남기고 강판에 간다.

2 1을 면포에 싸서 물기를 꼭 짠 다음 건더기와 감자 전분을 섞은 후 소금 간을 하고 치대어 반죽한다.

3 풋강낭콩은 씻어 소금으로 간한다.

4 반죽과 강낭콩을 한데 섞어 먹기 좋은 크기로 떼어 낸다.

5 1의 남긴 감자를 솥 밑에 깔고 적당한 크기로 떼어 낸 감자 반죽을 위에 얹어 무르도록 찐다.

6 감자가 익으면 주걱으로 감자와 감자 반죽을 잘 섞는다.

TIP 마른 강낭콩은 물에 불려 삶는다.

황태구이—✻

명태라는 이름은 조선조 중엽 함경도 관찰사로 부임한 민 아무개가 함북 명천군(明川郡)에 들렀을 때 태모(太某)라는 어부가 잡아 요리로 올린 것으로 식사를 하는데, 식탁에 오른 생선이 맛있어서 이름을 묻자 이름이 없다고 하였다. 그래서 명천군의 '명'자와 어부의 성인 '태'자를 합쳐 '명태'라고 이름 지었다고 전한다. 명태는 옛날부터 어업면에서나 영양적인 면에서나 우리에게 친숙감을 주고 다양하게 기여한 바가 큰 물고기이다. 이름도 다양한데 생명태(生明太)의 이름으로 선태(鮮太), 망태(網太), 강태(江太), 북어(北魚) 등 19가지나 되며, 제품의 이름으로는 건태(乾太), 동태(凍太), 북어, 노가리(새 끼) 등의 이름이 있다.

황태는 명태를 큰 덕장에 걸고 한겨울 바닷바람에 스무 차례 넘게 얼었다 녹았다 반복하는 것이다. 말리는 과정에서 살색이 노랗고 솜방망이처럼 연하게 부풀어 올라서 황태라는 이름을 얻었으며 살이 노란 명태라고 하여 '노랑태'라고도 한다. 얼어붙은 모양이 더덕 같다고 더덕북어라고도 불리는 황태는 필수아미노산이 많아 특히 간 건강에 좋은 음식이다.

❀ 재료 및 분량

황태 2마리

유장 참기름 2큰술, 간장 2/3큰술
양념 간장·다진 마늘 2큰술씩, 고추장 1.5큰술, 참기름 2작은술, 깨소금·후춧가루 약간씩

❀ 조리방법

1 황태는 가시를 제거한 후 물에 10분정도 불려놓는다.

2 1의 황태는 물을 꼭 짜고 3~5cm 간격으로 자른다.

3 황태에 유장을 골고루 발라 석쇠에 살짝 굽는다.

4 3의 애벌구이한 황태에 양념장을 바른 다음 석쇠에 다시 굽는다.

쇠미역튀각—❋

우리 조상들이 미역을 먹기 시작한 것은 아주 오랜 전이다. 《해동역사》에 보면 '신라의 깊은 바다에서 해초와 다시마가 난다.'고 기록되어 있다. 1787년에 발간된 《고사십이집》에는 해채가 나오는데, 해채는 미역을 지칭한 것이다.

산후조리 시 산모들이 가장 많이 먹는 식품이 미역이다. 미역은 강한 알칼리성 식품으로 우리 몸이 산성에서 중성이 될 수 있도록 도와주는 식품이라 할 수 있다. 미역은 칼슘의 함량이 높기 때문에 성장기 어린이에게 좋고, 산모들의 출산 뒤 신체의 흥분을 진정시키는 효과도 있다. 미역에는 알긴산이 많으며 이외에도 섬유질이 다량 함유되어 있고, 대장의 연동 운동을 도와 변비를 예방할 수 있어 비만을 예방할 수 있다.

🌸 재료 및 분량

쇠미역 800g, 찹쌀 1컵, 찹쌀가루·물 2컵씩, 식용유 적당량

🌸 조리방법

1 찹쌀풀을 묽게 쑨다.

2 쇠미역을 통째로 말린 다음에 찹쌀풀을 발라 준다.

3 찹쌀은 충분히 불린 다음 찜통에 젖은 면포를 깔고 푹 찐 후 물에 씻어 체에 건져서 물기를 빼고 2에 드문드문 발라 붙여서 채반에 널어 바싹 말린다.

4 낮은 온도의 식용유에 3을 바삭바삭하게 튀겨 낸다.

충청도

호박범벅
날떡국
박속낙지탕
꺼먹지들깨탕
녹두빈대떡
호두장아찌
말린묵 장아찌
청포묵국
장군국밥
굴깍두기
바지락전

충청도는 찬란한 백제문화의 꽃을 피웠던 지역으로 선사시대부터 사람들이 정착했던 땅이며 영남과 호남으로 통하는 삼남의 관문으로 우리나라 교통의 요지였다. 바다에 전혀 접하지 않은 충청북도와 서해에 면하고 있는 충청남도를 비교해 볼 때 지역적 여건이 다른 점이 많다.

충북은 우리나라에서 바다에 접하지 않은 유일한 내륙지방이어서 수산물 구하기가 어려웠다. 옛날에는 생선자반이나 말린 것을 먹었으나 산속에 흐르는 민물이 많아 민물새우, 민물장어, 메기, 올갱이, 쏘가리, 공어 등이 많이 생산되어 피라미조림, 붕어찜, 새뱅이찌개, 추어탕이나 미꾸라지조림 등 민물어류를 이용한 요리가 발달되어 있다. 산간지방에는 산채와 버섯들이 많이 있고 죽, 국수, 수제비, 범벅 등을 주로 만들어 먹으며 된장을 주로 사용하고 겨울에는 청국장으로 찌개를 즐겨먹는다. 충남은 강우량도 적당하고, 기후가 온화하여 금강을 중심으로 펼쳐진 기름진 논산평야를 접하고 있기 때문에 쌀, 보리, 고구마, 무, 배추, 목화, 모시 등의 농산물이 많으며, 충남의 서쪽인 서해에는 좋은 어장이 있어 굴, 새우, 숭어, 갈치, 가오리, 조기, 꽃게 등의 해산물이 풍부하여 국물을 낼 때 고기보다는 닭과 소합, 굴, 조갯살 등으로 맛을 내는 특징이 있다. 특히 간월도의 어리굴젓과 광천의 새우젓은 향토산물로 유명하다.

충청도 음식은 양념도 많이 쓰지 않아 자연 그대로의 맛을 살려 담백하고 구수하며, 음식은 꾸밈이 없고 소박하다. 충청도 사람들의 인심을 반영하듯 음식의 양이 푸짐한 편이다. 오래전부터 쌀을 많이 생산하여 주식 중 밥은 흰밥과 보리밥, 찰밥, 콩나물밥 등을 하고, 칼국수, 날떡국, 호박범벅 등을 자주 하는 편이다.

충북 내륙의 산간 지방에는 산채와 버섯이 많이 나 그것으로 만든 음식이 유명하며 풍부한 농산물로 죽, 국수, 수제비, 범벅 등과 떡도 많이 만들어 먹었다. 서해안에 가까운 지역에서는 굴이나 조갯살 등으로 국물을 내어 날떡국이나 칼국수를 끓이기도 하며 국은 토장국이 흔하고, 굴냉국, 넙치아욱국, 청포묵국 등도 끓인다. 된장찌개, 청국장찌개, 젓국찌개도 즐긴다. 찬물로는 장떡, 말린묵볶음, 호박고지적, 웅어회, 오이지, 상어찜, 애호박나물, 참죽나물,

어리굴젓, 각색부각, 호두장아찌 등이 있고 병과류로 떡은 물호박떡, 쇠머리떡, 꽃산병, 햇보리떡, 약편, 도토리떡 등이 있고, 과자류로는 무릇곰, 무엿, 각색정과 등이 있다. 음료에는 찹쌀미수와 복숭아화채가 있다.

충청도 별미 음식인 어리굴젓은 간월도가 유명한데 서산 앞바다는 민물과 서해 바닷물이 만나는 곳으로 천연굴도 많고, 굴 양식에 적합하여 굴이 많이 생산된다. 조선 시대부터 이름이 난 어리굴젓은 굴을 바닷물로 씻어 소금으로 간하여 2주 정도 삭혔다가 고운 고춧가루로 버무려 삭히면 담백하고 시원한 어리굴젓이 된다. 올갱이는 맑고 얕은 개천에서 잡히는 민물 다슬기로 된장찌개를 끓이거나 삶아서 무쳐 안주로도 먹는다. 특히 금강 하류에서는 웅어와 황복이 잡힌다. 강경 지방에 있던 황복이 5월 중순에서 6월 하순에 산란을 위해 금강을 거슬러 올라오는데 바다 복보다 살이 연하고 감칠맛이 나서 찜을 하거나 탕을 끓인다. 이곳에서는 웅어를 우여라고 하는데 강물과 민물이 합쳐지는 강 하류에서 잡힌다. 갈치처럼 은백색이며 깊은 맛이 난다. 한강, 금강 하류에서 4월 중순에서 5월 초순에 잡히는데 살이 부드럽고 기름져서 고소하다. 웅어는 잘게 토막 내어 회로 먹거나 고추장찌개를 끓인다.

피라미나 빙어를 기름에 바싹 튀긴 후 한 방향으로 동그랗게 돌려 담고 양념고추장을 끼얹어 조린 도리 뱅뱅이 요리는 제천 의림지와 대청댐 주변의 새로운 향토음식으로 정착되었다.

늙은 청둥호박 안에 꿀을 넣고 중탕한 음식인 호박 꿀단지는 어느 가정에서나 즐겨 만드는 음식이었고, 산모의 부종에 효과가 있다고 한다. 찐 호박으로는 범벅을 만들어 먹기도 한다. 또한 찹쌀가루를 반죽하여 화전모양으로 둥글게 빚어 지초를 우려낸 붉은 기름으로 지져낸 곤떡, 무릇에 향채를 섞어 엿기름물로 장시간 고아 두꺼운 솥에 송기, 쑥을 넣고 둥굴레의 뿌리를 얹어 엿기름물에 생강즙을 섞은 것을 부어서 뭉근한 불에 3일간 곤 음식이 있는데 구황식의 하나이며, 여름철의 소화제로 쓰이기도 한다. 예부터 쌀이 귀하여 쌀 대신 낙지를 삶아 먹고 허기를 채웠는데 박속을 탕에 넣어서 시원한 맛과 아울러 배고픔도 해결할 수 있었던 박속 낙지탕, 전골냄비에 닭고기와 칡국수, 채소를 넣고 닭사리, 무를 굵게 썰어서 삶은 국물에 조미한 쇠고기, 표고, 석이, 생강, 무 등을 넣고 간을 맞추어 조린 무왁저지 등은 충청도의 특색 있는 향토음식이다.

1) 충청남도 축제 목록

지역	축제명	개최시기	주요 내용	주최/주관
공주시	계룡산 산신제	4월	유불무가식 산신제, 민속놀이, 전통다례	계룡산 산신제 보존회
	고마나루 축제	7월	야외음악회, 국악마당, 시민노래방 등	계룡문화회
	백제 문화제	10월	제전, 역사재현, 학술세미나, 민속시연, 체험, 공연 등	공주시/부여군/(재)백제문화제 추진위원회
금산군	금산 인삼 축제	9월	인삼캐기체험, 인삼깎기, 인삼사우나	금산 인삼축제집행위
	장동 달맞이 축제	정월대보름	길놀이, 산제, 달불놀이, 축원놀이	금산 문화원
	금강 민속 축제	7월 말~8월 초	물페기농요, 농바우끄시기, 금산농악, 금강물고기사진전	금산 문화원
	산악벚꽃축제	4월	산꽃길여행, 숲속작은음악회, 경연마당	금산 문화원
논산시	강경 젓갈 축제	10월	젓갈퍼레이드, 김치담그기, 젓갈마당놀이, 요리대회 등	강경 젓갈축제추진위
	논산 딸기 축제	3월 또는 4월	딸기수확체험, 요리경진 대회, 사랑의 케익 만들기	논산시
	연산 대추 축제	11월	대추먹기대회, 백중놀이 시연, 농악놀이	연산 대추 축제추진위
	양촌 곶감 축제	12월	곶감만들기, 곶감먹기대회	양촌 곶감 축제추진위
당진시	상록 문화제	10월 초	추모제, 문예행사, 전시회,	상록문화제 집행위원회/당진시
	기지시 줄다리기	4월 1일	당제, 용왕제, 민속행사	기지시 줄다리기 보존회/당진시
	안섬 풍어당 굿		본당굿, 뱃고사, 지신밟기	안섬 풍어당 굿보존회/당진시
보령시	보령 머드 축제	7월	대형머드탕, 머드슬라이딩, 머드왕선발대회, 머드피부 미용 경진대회, 머드홍보관	보령시/보령 머드 축제 위원회
부여군	백제 문화제	10월	제전, 역사재현, 학술세미나, 민속시연, 체험, 공연 등	충청남도 공주시 부여군/(재)백제 문화제 추진위원회
	은산 별신제	3월	집굿, 본제, 상당, 하당제 등	은산 별신제 보존회
	임천 충혼제	4월	산신제, 충혼제, 봉화제, 연등행렬 등	임천면/번영회
	백마강 수박 축제	5월 말~6월 초	수박왕선발, 수박먹기대회, 수박작품전직거래 장터 등	농협 부여군 지부
서산시	해미읍성 역사체험 축제	6월	관아체험, 옥사체험, 군영체험, 민속경연, 공연	서산 문화원

(계속)

지역	축제명	개최시기	주요 내용	주최/주관
서천군	한산 모시 문화제	5월	모시패션쇼, 관광객체험 행사, 민속경연행사	한산 모시 문화제 추진위원회
	동백꽃 주꾸미 축제	3월 말	주꾸미 요리경진대회, 동백꽃 사진전시, 민속놀이	서면 개발위원회
아산시	아산 성웅 이순신 축제	매년 4월 28일 전후	무과전시의, 전술비연 날리기, 거북선해전놀이, 이순신 퍼포먼스, 조선시대군장체험	아산시
	청백리 맹사성 축제	10월	전국남녀시조경창대회, 글짓기 및 사생대회, 어린이맹사성선발대회 등	온양 문화원
예산군	매헌 문화제	4월	기념다례제, 공문제, 초청 강연, 각종민속시범 및 체험장, 사물놀이공연, 보부상 놀이	월진회, 덕산지역 번영회 외
	추사 문화제	10월	추사가요제, 추사추모제, 전국서예백일장, 학생백일장	예산 문화원
	예산 사과 축제	10월 말~11월 초	사과품평회, 사과아가씨 선발, 노래자랑, 사과많이 뺏어오기, 사과많이쪼개기	예산군/예산능금농협
천안시	천안 흥타령 축제	10월 초	춤경연대회, 민속공연, 거리퍼레이드, 전통연희극 등	천안시/천안문화원
	아우내 봉화제	2월	식전행사, 햇불시위 재현, 봉화제	병천 청년회의소
	아우내 단오 축제	6월	농악놀이, 민속경기, 그네뛰기 등	아우내 문화원
청양군	칠갑 문화제	9월	전통문화행사, 민속놀이, 보기위한 한마당	청양군
	칠갑산 장승 문화축제	4월	장승만들기대회, 전국장승 사진전시	
	청양 고추 구기자 축제	9월	고추왕 선벌대회, 구기자 고르기 체험, 민속놀이	
태안군	황도 붕기 풍어제	1월	피고사, 세경굿,뱃고사, 용신굿등	황도 붕기 풍어제보존회
	안면도 현대 예술축제	7월 말	대북연주, 현대무용, 행위예술, 전통문화공연	소리짓 발전소
	태안 연꽃 축제	7월~8월		태안군
	백사장 대하 축제	10월	축하공연, 대하퍼포먼스 행사, 대하판매	대하축제 추진위원회
	전통 자염 축제	10월	전통자염 생산과정 재현	태안 문화원

(계속)

지역	축제명	개최시기	주요 내용	주최/주관
홍성군	만해제	10월	추모다례, 만해문학의 밤, 만해추모공연, 시인 학교운영	홍성 문화원/각행사별 주관처
	남당 대하 축제	9월~10월	개막식, 대형사자춤놀이, 벌대하잡이체험	남당 대하 축제추진위원회 남당리번영회
	광천 토굴 새우젓 및 조선김 대축제	10월	거리극 및 무술시범, 오서산 등반대회, 옹암포구 영화제	광천 토굴 새우젓 축제위원회 광천읍번영회

2) 충청남도 농가 맛집

농가 맛집	특징	주소	연락처	대표메뉴
가야 수랏간	직접 재배한 표고버섯으로 꽃피운 건강이야기	예산군 덕산면 가루실길 20	041-337-3790	표고탕수, 표고영양밥
고수록	바다를 옮겨 놓은 듯 초록빛 물든 바다밥상	서천군 비인면 갯벌체험로 452-7	041-852-5906	고수록밥상, 고수록 비빔밥
곰섬나루	옛 맛의 그리움을 간직한 간장게장	태안군 안면대로 1610-27	041-675-5527	함초간장게장, 게국지
나경	자연의 맛 품은 버섯으로 차린 건강 밥상	부여군 석성면 비당로 109번길 100	041-836-0039	버섯쌈정식, 버섯전골, 버섯묵
미마지	전통을 지키고 간직한 소민전골	공주시 의당면 돌모루 1길 40	041-856-5945	소민전골 연잎밥
산애들에 징검다리	천안의 대표 먹거리로 진수성찬 차려낸 밥상	천안시 동남구 동면 화복로 486-48	041-569-6733	솔잎통오리와인구이, 진잎비빔밥
소박한 밥상	서두름 없이 정성으로 차려낸 느림의 맛	서산시 인지면 애정길 150-22	041-662-3826	연잎밥정식
예당큰집	고택의 안채에서 즐기는 진수성찬	홍성군 장곡면 무한로 957-24	041-642-3833	왕비상, 사또상
오돌개 맛집	건강이 가득한 뽕나무 이야기 밥상	아산시 송악면 송악로 26-34	041-531-9990	지고추만둣국, 오돌개 토종악백숙
조희숙의 상록수	자연이 어우러진 맛, 상록수 이야기 밥상	당진시 송악읍 송악로 784-14	041-358-8110	상록수밥상, 통팥인절미
평강뜰애	내림 손맛 담긴 소박한 밥상	보령시 청라면 가느실길 106	041-934-7577	평강뜰애 한상차림, 청국장, 쩜장

3) 충청북도 축제 목록

지역	축제명	개최시기	주요 내용	주최/주관
괴산군	괴산 문화제	10월	각종 문화예술작품 전시회, 읍면대항 민속놀이 경연대회	괴산 문화원
	괴산 청결 고추 축제	8월	하프마라톤대회, 민물고기 잡기대회, 올갱이잡기대회, 각종 이벤트행사	괴산군 농업경영인협의회 괴산청결고추축제추진위원회
	전국 가족 등산대회	11월	등산대회, 보물찾기, 장기자랑, 레크레이션 등	괴산군
단양군	삼봉 문화제	4월 중순	도전추모제, 음악분수 노래자랑, 남한강 도선 체험	매포읍/매포청년회
	소백산 철쭉제	5월	소백산 산신제, 철쭉요정 선발대회, 남한강 뗏목타기, 철쭉가요제	추진위/단양문화원
	단양 마늘 축제	7월	단양마늘 판매행사, 농악경연 대회, 향토음식 시식회	추진위/단양군 농협
	어상천 수박 축제	8월 초	수박시식회, 수박 즉석 판매 행사, 수박 조각전	추진위/수박작목회
	방속 장작 가마 예술제	7월 또는 8월	도자퍼포먼스, 도자기빚기체험, 물고기 잡기 체험	추진위/도예협의회
	두산 감자 축제	9월 중순	감자캐기체험, 갈대밭길 사진 촬영	추진위/가곡면
	온달 문화 축제	10월	온달장군 승전행렬, 고구려 벽화그리기, 온달장군윷놀이 대회, 전국검도왕선발대회	추진위/단양문화원
	금수산 감골 단풍 축제	10월	금수산 등산대회, 무료 사진촬영	추진위/적성청년회
보은군	속리 축전	5월	민속경연대회, 청소년예술제, 노인장기자랑, 읍면장기 자랑, 서예전시회 등	보은 문화원
	보은 동학제	9월	동학 역사 사료 전시회, 동학농민군 위령제, 보은동학 전국마라톤대회, 길놀이등	
	속리산 가을 한마당 축제	10월	군악대공연, 가을음악회, 사생대회, 송이놀이, 가족 노래자랑	속리산 관광협의회
	속리산 단풍 가요제	10월	참가자의 가요 열창, 인기연예인들의 축하공연	청주 MBC
영동군	난계 국악 축제	10월	숭모제, 약학 대상 시상, 난계 국악단 공연, 학술대회, 난계 추모 무용 각종 이벤트 등	영동군/(사)난계기념사업회

(계속)

지역	축제명	개최시기	주요 내용	주최/주관
옥천군	지용제	5월	지용 문학상 시상, 관련 전시회, 지용학술세미나, 지용신인문학상시상, 지용문학캠프 등.	옥천 문화원, 지용기념사업회
	중봉 충렬제	9월	중봉선생추모제, 중봉학술 강연회, 휘호대회, 군민체육대회 등	옥천 문화원, 옥천청년회의소
음성군	전국 품바 축제	4월~5월	품바왕선발대회, 품바공연, 무대작품공연, 문화작품 전시, 농특산품전시	한국예총 음성지부
	음성 청결 고추 축제	9월	음성청결고추 아줌마 선발대회, 미스터고추 선발대회, 군민노래자랑, 농특산품전시	음성군
제천시	제천 국제음악 영화제	8월		제천 국제영화제 조직위원회
	제천 의병제	10월	의병제향, 의병제전, 민초 의병전투행군, 학술세미나, 전적지 순례, 사적전시회, 의병토우서각전 등	제천시
	청풍호반 벚꽃 축제	4월	공연, 전시, 에어쇼 등	제천시
	의림지 겨울 축제	1월	얼음썰매, 민속놀이, 공어잡기, 전시 등	제천시
진천군	생거 진천 화랑제	10월	가장행렬, 민속경기, 민속놀이, 공예품전시회 및 시연, 농악 경연대회 등	진천 문화원
	생거 진천 농다리 축제	8월	농다리제 올리기, 피라미낚시대회, 맨손물고기잡기, 우마차타기, 임장군 선발대회, 부대행사 등	농다리 청년회
	세계 태권도 화랑 문화축제	6월	세계화랑태권도 대회, 화랑캠프, 화랑학술세미나, 전통문화체험, 태권도자료 전시회 등	진천군
	생거 진천 쌀 축제	10월	생거 진천 농특산물 전시, 전통농업경기, 농특산물 직거래장터운영	진천군/진천군농업인단체협의회
청주시	청주 직지 축제	9월 4일 전후	오페라 직지 공연, 세계기록 유산특별전, 조선초기 금속활자 특별전, 고인쇄 문화 학술대회	청주시
	청주 국제 공예 비엔날레	10월	국제초대작가전, 생활공예 명품전, 국제 산업교류전, 전국공예품 대전, 중요무형문화재 작품전	청주시
	해맞이 축제	1월 1일	북 공연, 살풀이, 불꽃놀이, 캠프파이어	청원군/청원문화원
	삼일문화 축제	3월 31일	기념식, 공연, 횃불시위 재연	
	세종대왕과 초정약수 축제	5월	세종대왕어가행차, 학술 세미나, 군민학생 참여행사, 부대행사	청원군
	군민의 날 및 청원 문화제	9월 말~ 10월 초	문화행사(용신제), 기로연, 전시회, 민속경기 등	

(계속)

지역	축제명	개최시기	주요 내용	주최/주관
충주시	충주 세계 무술 축제	가을	무술시연, 무술체험, 무술 겨루기, 전국 택견 대회	충주시
	우륵 문화제	10월	명현 추모제, 목계 별신제, 전국 탄금대 가야금 경연대회	예총충주지부
	수안보 온천제	4월	온정수신제사,수안보 온천가요제, 스파콘서트	수안보 온천관광협의회
	앙성 온천 관광 축제	10월	기원제, 삼도 가요제, 탄산수시음회	앙성관광협의회

4) 충청북도 농가 맛집

농가 맛집	특징	주소	연락처	대표메뉴
농사꾼의 집	농사꾼의 손끝으로 일궈낸 참한 밥상	제천시 명지로 6안길 15	043-647-4589	약선장아찌, 농사꾼 자연밥상
배영숙의 산야초 밥상	정갈한 손맛 전해지는 치유밥상 이야기	보은군 속리산면 법주사로 258-14	043-543-1136	산백야초 속리산 정식, 대추약고추장비빔밥
복숭아꽃 피는	복숭아로 물든 향기로운 밥상	음성군 감곡면 가곡로 217	043-883-8989	복숭아국수, 복숭아 한우불고기
사과꽃 마을	아삭아삭 붉게 여문 사과의 참맛	충주시 고든골길 63-9	043-848-6006	사과떡케이크, 산나물 비빔밥
수리수리 봉봉	입안 가득 전해지는 싱그러운 산내음	단양군 대강면 사인암로 391-5	043-422-2159	오리한방백숙, 산채정식
얼음골 봄	박달산 신선놀음 후 맛보는 지칭개 밥상	괴산군 감물면 충민로 1085	043-833-9117	지칭개 약초 오리백숙
웃는소	햇살아래 방긋, 자연놀이 체험장	충주시 대소원면 창현로 809	043-857-6131	오색주먹밥, 산나물 비빔밥
웰빙촌 묵은지	종가 맏며느리가 토굴에서 묵힌 묵은지의 맛	진천군 덕산면 이영남로 73	043-536-5191	묵은지갈비 전골, 묵은지 닭매운탕
장수 두리반	소박한 멋, 그리고 정겨운 먹거리	옥천군 청성면 장수로 1길 79-1	043-733-9453	올갱잇국, 생선국수, 도리뱅뱅이
콩무리	정성이 듬뿍 당긴 구수한 청국장	청원군 남이면 대림로 114	043-260-6411	청국장, 순두부, 두부전골, 새뱅이찌개

호박범벅──◦

호박은 호박범벅, 호박떡, 호박엿, 호박죽 등 다양하게 별미음식의 재료로 사용된다. 범벅은 호박, 콩, 시래기 등의 재료와 곡식가루를 섞어 익혀 먹는 음식으로 충청도와 강원도의 서민들이 즐기던 향토 음식이다.

🏵 재료 및 분량

늙은 호박 1/2개, 찹쌀가루 4컵, 팥 1컵, 차조가루 1컵, 강낭콩 1컵, 밀가루 1/3컵, 물 10컵, 소금 4작은술

🏵 조리방법

1 호박은 껍질을 벗기고 씨를 긁어내 적당한 크기로 썬다.

2 강낭콩은 물에 불려 놓는다.

3 팥은 깨끗이 씻어 삶는다.

4 냄비에 호박을 넣고 물을 부어 삶는다.

5 호박이 익으면 으깬 후 불린 강낭콩과 삶은 팥을 넣어 끓인다.

6 5에 차조가루를 넣어 끓이고 소금을 약간 넣는다.

7 찹쌀가루를 조금씩 넣으며 저어주고 밀가루를 넣고 끓인다.

날떡국──❀

충북에서 날떡국이라고 부르는 떡국은 흰떡이 준비되지 않고 갑자기 떡국을 끓일 때 만드는 것으로서 근래에는 원하면 언제든지 흰떡을 구할 수 있으므로 별미음식으로 이용되고 있다. 쌀가루가 매우 곱기 때문에 반죽을 오랫동안 치대야 잘 풀어지지 않는다. 《조선요리제법》의 생떡국, 《조선무쌍신식 요리제법》의 생병탕(生餠湯)에 소개되어 있으며, 추운 겨울에는 굴을 넣으면 더욱 깊고 시원한 맛이 난다.

❀ 재료 및 분량

닭 1마리, 쌀가루 2.5컵, 대파 1/2뿌리, 국 간장 4큰술, 다진 마늘 1큰술, 물 적당량

❀ 조리방법

1 닭은 푹 삶아서 살은 찢어 놓고, 닭 육수는 기름을 걷어 낸다.

2 쌀가루를 끓는 물로 익반죽하여 가래떡 모양으로 길게 늘여 만든다.

3 파는 손질하여 씻어 0.3cm 길이로 어슷하게 썰고 마늘은 다진다.

4 2의 생떡도 어슷썰기 하여 1의 닭 육수에 넣고 한소끔 끓인 후 국간장으로 간한다.

5 4에 어슷 썬 파와 다진 마늘을 넣는다.

6 그릇에 담고 고명으로 찢어 놓은 닭고기를 얹어서 낸다.

박속낙지탕──✤

최근에는 가을철에 수확한 후 급속으로 냉동 저장한 박을 사계절 내내 맛볼 수 있다. 박속낙지탕의 특징은 시원한 맛을 내는 박속에 있으며, 박은 식이섬유가 많고 지방이 적어 다이어트에 좋고, 식물성 칼슘이 풍부하여 영양식품이라 할 수 있다. 발육이 늦는 어린이나 아이를 낳은 여성들에게 좋은 식품이다.

✿ 재료 및 분량

세발낙지 10마리(또는 낙지 3마리), 박 300g, 칼국수 200g, 바지락 400g, 미나리 200g, 쑥갓 20g, 무 100g, 양파 70g(1/2개), 물 1.6L(8컵), 대파 1/2뿌리, 마늘 2쪽, 생강 1쪽, 소금 약간

✿ 조리방법

1 바지락을 연한 소금물에 넣어 해감 한다.

2 박의 껍질을 벗겨 내고, 씨를 긁어 낸 다음 2.5×2.5×0.3cm로 나박 썰기 한다.

3 무는 나박 썰고, 양파는 5×0.3×0.3cm 굵게 채썰고, 대파는 0.3cm 두께로 어슷 썰고, 쑥갓은 속대만 준비하여 미나리와 함께 5cm 길이로 썬다.

4 끓는 물에 무, 박, 칼국수를 넣어 끓인다.

5 4의 국물 끓으면 소금으로 간하고, 바지락, 다진 마늘, 다진 생강을 넣어 끓이다가 양파를 넣어 끓인다.

6 5에 미나리, 쑥갓, 어슷하게 썬 대파, 낙지를 넣어 끓인다.

TIP 기호에 따라 칼국수를 나중에 넣고 끓여 먹을 수도 있다.

꺼먹지들깨탕——✤

당진의 대표재료인 꺼먹지는 예로부터 무청을 소금에 절여서 여름 김치 대용으로 많이 사용하던 재료이며 오늘날 꺼먹김치로 알려졌다. 11월 말경 무청을 수확하여 소금, 고추씨와 함께 항아리에 넣고 절여 놓으면 이듬해 5월경부터 꺼내는데 김치가 겁게 숙성되어 '꺼먹지'라고 부르게 되었다. 꺼먹지에는 비타민 A, C, B_1, B_2, 칼슘 등의 영양소가 들어있고, 식이섬유가 풍부하여 변비예방에 도움이 되며, 무기질(특히 칼슘, 철분)이 풍부하다.

❀ 재료 및 분량

꺼먹지 200g, 바지락살 1컵, 들깨 5큰술, 전분(또는 찹쌀가루 2큰술) 1큰술, 대파 1뿌리, 물 5컵, 다진 마늘 1큰술, 소금 2큰술

❀ 조리방법

1 꺼먹지는 데쳐 껍질을 벗겨 길게 2~4등분으로 찢는다.

2 데쳐서 손질한 꺼먹지는 5cm 길이로 썰어 들기름을 넣고 볶는다.

3 들깨는 분량의 물을 부어 가며 맷돌 또는 분쇄기에 갈아 들깨즙을 만들고, 전분은 동량의 물을 섞어 전분액을 만든다.

4 볶은 꺼먹지에 전분액과 들깨즙을 넣고 한소끔 끓인 다음 바지락살을 넣고 소금으로 간을 한다.

5 4에 다진 마늘과 어슷 썬 대파를 넣는다.

녹두빈대떡 —— *

대표적인 우리 음식 중 하나인 빈대떡은 녹두를 물에 불렸다가 맷돌에 갈아 솥뚜껑에 부친 것으로 황해도에서는 '막부치', 평안도에서는 '녹두지짐' 또는 줄여서 '지짐이'라고 한다. 《역어유해》라는 책에 '빈자떡'에 대해 적혀 있는데 중국 떡의 일종으로 병자(餠煮)에서 왔다고 했다. 《명물기략》에서는 중국의 콩가루떡인 알병(餲餠)의 '알'자가, 빈대를 뜻하는 갈(蝎)로 와전되어 빈대떡이 되었다고 나와 있다.

빈대떡에 대한 재미있는 얘기로 서울 덕수궁 뒤쪽의 정동이 지금은 멋진 동네이지만 예전에는 빈대가 많은 동네라서 이름이 빈대골이라고 하였다. 이곳 사람 중에 부침개 장수가 많아 이름이 빈대떡이 되었다는 얘기도 있다.

✿ 재료 및 분량

타갠 녹두 1.5컵, 불린 멥쌀 5큰술, 물 1컵, 소금 1/2큰술, 대파 30cm, 다진 돼지고기 100g, 숙주 100g, 삶은고사리 100g, 배추김치 18쪽, 홍고추 1개, 식용유 1/2컵

돼지고기양념 간장 1/2큰술, 다진 마늘 2/3큰술, 다진 파1/2큰술, 참기름 1작은술, 청주 1작은술, 후춧가루 약간

고사리양념 간장·다진 마늘·다진 파 1작은술씩

배추김치 양념 참기름·설탕 1작은술씩

숙주나물 양념 참기름 1작은술, 소금 약간

✿ 조리방법

1. 녹두는 깨끗이 씻은 후 물에 담가 8시간 이상 불린다.

2. 녹두는 손바닥으로 비벼 맑은 물이 나올 때까지 비벼 껍질을 벗긴 후 찬물에 2~3회 헹궈 껍질을 제거한다.

3. 쌀은 깨끗이 씻은 후 1시간 정도 불린다.

4. 믹서기에 녹두, 쌀, 물, 소금 약간을 넣고 곱게 간다.

5. 대파는 5cm 길이로 채썰고, 홍고추는 어슷 썬다.

6. 넓은 대접에 돼지고기와 분량의 양념 재료를 넣고 조물조물 무친다.

7. 숙주는 끓는 물에 데친 후 찬물에 헹궈 물기를 꼭 짠다. 3cm 길이로 썬 후 숙주 양념재료에 조물조물 무친다.

8. 배추김치는 속을 털고 1cm 폭으로 썰고, 배추김치 양념 재료를 넣고 조물조물 무친다.

9. 큰 볼에 **4**의 녹두 간 것, 돼지고기, 숙주, 고사리, 배추김치를 넣고 골고루 버무린다.

10. 달군 팬에 식용유를 넉넉히 두르고 **9**의 반죽을 한 국자씩 올려 도톰하게 편 후 위에 홍고추를 올린후 앞뒤로 약한 불에서 노릇노릇하게 지진다.

호두장아찌—•

호두는 중국에서 전래된 작물로 우리나라의 충청도, 강원 남부 지역이 주재배지이다. 껍질까지 있는 호두는 외피가 깨끗하고 골이 얕은 것이 좋은 호두이며, 알호두는 속피가 노랗고 윤기가 있으며 외관이 깨끗한 것이 좋다. 호두의 속껍질은 떫은맛이 강하기 때문에 조리하기 전에 반드시 제거해야 하는데, 속껍질은 뜨거운 식초물에 담그거나 프라이팬에 볶으면 잘 벗겨지나 너무 오래 담가두면 껍질을 벗긴 후에 조직감이 저하되므로 주의해야 한다.

호두는 지방 함량이 높기 때문에 오래 보관하면 불포화지방산으로 인해 산패가 빨리 일어나므로 냉암소에 두는 것이 좋다. 호두의 지방은 불포화지방산과 필수지방산이 많아 혈청 내 콜레스테롤을 감소시켜 주며 각종 성인병을 예방한다. 특히 호두는 흡수가 잘 되어 성인의 정력을 강화하는 스태미나 식으로 적합하며, DHA가 풍부하여 두뇌건강에 좋고, 민간에서는 각종 피부병과 탈모증 치료에도 이용한다. 이 외에도 호두는 피부미용과 노화방지 및 강장효과가 매우 큰 것으로 알려져 있다.

❀ 재료 및 분량

호두 5C, 땅콩 100g

조림장 간장 1컵, 물 2컵, 정종·식초 3큰술씩, 설탕 1/2컵, 물엿 1/3컵

❀ 조리방법

1. 호두는 겉껍데기를 벗겨내고 끓는 물에 넣었다가 바로 꺼내 꼬치로 속껍질을 벗긴다.
2. 땅콩은 달군 팬에 볶아서 껍질을 제거한다.
3. 냄비에 분량의 조림 양념장을 넣고 한소끔 끓인 후 호두와 땅콩을 넣고 졸인다.
4. 국물이 자작하게 졸아들면 물엿을 넣고 고루 섞는다.

말린묵 장아찌—◦

옛날에는 도토리묵을 넙적넙적하게 썰어 묵 장아찌를 만든 다음 먹기 직전에 채썰어 양념하여 무쳐 먹기도 하였다.

🏵 재료 및 분량

도토리묵 700g(1모), 간장 2컵, 다진 파 1큰술, 다진 마늘 1/2큰술, 참기름·통깨 약간씩

🏵 조리방법

1   도토리묵은 7×0.7×0.7cm로 굵게 채썬다
2   채썬 묵을 통풍이 잘 되는 곳에서 꾸덕꾸덕하게 말린다.
3   간장을 끓인 후 식혀 묵이 잠길 정도로 붓고 한 달 정도 재워 둔다.
4   먹을 때 꺼내어 다진 파, 다진 마늘, 참기름, 통깨를 넣고 고루 무친다.

청포묵국—✽

충청도 음식은 양념을 많이 쓰지 않아 소박하고, 국물을 낼 때 고기보다는 닭, 굴, 조개 같은 것을 많이 쓰며 양념으로는 된장을 즐겨 쓴다.

청포묵은 녹두 전분으로 쑨 녹두묵을 말하며, 옛날에는 치자 물을 들여 노랗게 만들었지만 요즘은 흰색을 그대로 살린 청포묵을 먹는다. 청포묵의 칼로리는 100g당 37.0kcal로 다른 탄수화물 식품에 비해 비교적 칼로리가 낮다. 청포묵이 다른 탄수화물 식품에 비해 칼로리가 낮은 이유는 수분이 전체 중량의 8~90%를 차지하고 지질이 적기 때문이고 다이어트를 하는 사람들에게는 포만감과 적은 칼로리를 제공해 주는 좋은 식품이라고 할 수 있다. 청포묵국은 맛이 부드럽고 순해서 노인들에게 좋은 별미국으로 청포묵 자체의 맛보다 부드러운 촉감으로 먹는 것이 특징이다. 청포묵국에 구운 김을 부숴 넣으면 한결 맛이 좋고, 충북은 소금, 충남은 국간장으로 간을 한다.

❀ 재료 및 분량

청포묵 1모, 멸치 10마리, 쪽파 5뿌리, 달걀 1개, 붉은 고추1개, 양파 1/4개, 물 8컵, 다진 마늘·국간장 1큰술씩, 소금 약간

❀ 조리방법

1 청포묵은 5×0.5×0.5cm 크기로 굵게 채썰어 끓는 물에 투명하게 데쳐 찬물에 헹궈 놓는다.

2 멸치는 손질하여 달군 냄비에서 살짝 볶다가 물을 부어 끓인 다음 면포에 걸러 멸치장국국물을 만든다.

3 붉은 고추는 반으로 잘라 씨를 제거하고 4×0.2×0.2cm로 가늘게 채썬다.

4 양파는 0.2cm 너비로 가늘게 채썰고, 쪽파는 4cm 정도 길이로 썬다.

5 달걀은 풀어 놓는다.

6 멸치장국국물에 국간장을 넣어 색을 내고 양파, 쪽파, 붉은 고추, 청포묵, 다진 마늘을 넣고 약한 불로 끓인다.

7 6에 달걀 푼 것을 넣고 바로 젓지 않고 끓이다가 저어 준 후 소금으로 간을 한다.

장군국밥——❋

'장국밥'이라고도 하고 '국말이'라고도 한다. 원래는 밥과 국은 따로 담아서 상에 올리면 먹는 사람이 따로 밥을 국에 말아서 먹는 경우가 있는데 국밥은 먹는 사람이 밥상에서 국과 밥을 합치는 것이 아니고 부엌에서부터 국에 밥을 넣어서 나오는 것을 말한다. 식사하는 인원이 한꺼번에 많은 경우나 추울 때 뜨겁게 먹기 위한 음식으로 적당하다.

국밥에는 주로 맑은 장국을 이용하고 간장으로 간을 하며 쇠고기는 양지머리나 우둔살을 이용하였으며, 가정에서보다는 서민들이 간단히 음식점에서 먹을 수 있는 음식이다. 조선 말엽에 유행하였으며, 서울에서는 주로 수표다리 건너편과 백목다리 건너편에 전문음식점이 있었다고 전해진다.

🏵 재료 및 분량

쇠고기(우둔) 150g, 쌀 2컵, 무 1/4개, 고사리, 도라지, 시금치, 콩나물 100g씩, 쇠고기(양지머리) 600g, 물 2.5컵, 육수 4L

양지머리 양념 간장 1.5큰술, 다진 파 1큰술, 다진 마늘 1/2큰술

나물 양념 다진 파 1큰술, 다진 마늘·참기름·깨소금 1/2큰술씩, 소금 1작은술(또는 국간장 2작은술)

쇠고기양념 간장·다진 파·다진 마늘 1큰술씩, 설탕 1작은술, 참기름·깨소금 1/2큰술씩

🏵 조리방법

1 양지머리는 덩어리째 찬물에 씻어서 핏물을 빼고 무와 함께 물을 붓고 푹 무르게 삶는다.

2 밥은 고슬고슬하게 지어 놓는다.

3 고기가 무르면 건져서 0.5cm로 도톰하게 썰고, 무는 2.5×2.5×0.3cm로 썰어서 고기양념에 무쳐 국에 다시 넣고 끓인다.

4 고사리, 도라지는 5cm 길이로 손질한 후 분량의 양념 재료를 넣고 볶는다.

5 콩나물은 삶고, 시금치는 데쳐서 소금, 다진 파, 다진 마늘, 참기름, 깨소금을 넣고 무친다.

6 쇠고기는 다져서 간장, 다진 파, 다진 마늘, 참기름, 깨소금으로 양념하여 반대기를 지어 구워 다음 3×4cm로 네모지게 썬다.

7 뚝배기에 밥을 담고 뜨거운 장국을 부은 다음 고기와 나물들을 고루 얹는다.

TIP 먹을 때는 기호에 따라 다진 파, 깨소금, 고춧가루 등을 넣는다.

굴깍두기──❁

깍두기란 깍둑 썰기에서 비롯되었으며, 김치를 담글 때 통째로 담그는 것이 아니라 무나 배추를 깍둑 썰기로 썰어서 담그는 김치라는 의미이다. 1913년에 방신영이 쓴《요리제법》에 보면 굴깍두기, 닭깍두기 등 깍두기의 종류가 처음으로 나와 있다.

주로 겨울철 김장김치를 담글 때 깍두기는 주로 같이 담그고, 충남에서는 황석어젓을 넣어 숙성시킨다. 충남 서산 지역의 굴은 알이 작아 양념이 잘 배어들어 각종 김치에 이용한다. 굴깍두기는 주로 가을철과 겨울에는 굴깍두기를 많이 담그고, 보통 때에는 굴을 넣지 않고 깍두기를 담아 먹는데, 굴은 마지막에 살살 버무려 넣고 항아리에 담는다. 굴이 들어 있으면 빨리 익으므로 오래 저장하기 보다는 빨리 먹는 것이 좋다.

❀ 재료 및 분량

무 3개, 굴 300g, 고춧가루 1컵, 소금 4큰술

소금물 소금 2작은술, 물 2컵
양념 실파 200g, 황석어젓 1컵, 다진 마늘 4큰술, 다진 생강·설탕 2큰술씩

❀ 조리방법

1 무는 깨끗이 손질하여 씻어 깍둑썰기(사방 2cm)한 다음 소금에 살짝 절여 체에 밭쳐 놓는다.

2 고춧가루는 물에 불려 놓는다.

3 황석어젓은 머리를 뗀 후 곱게 다지고, 굴은 연한 소금물에 여러 번 헹구어 체에 밭쳐 놓는다.

4 불린 고춧가루에 무를 넣어 색을 낸 뒤 실파, 다진 마늘, 다진 생강, 황석어젓, 설탕을 넣고 버무려 간을 맞추고 굴을 넣고 살살 버무린다.

바지락전——*

바지락은 백합과에 속하는 작은 바닷조개로 서해안의 갯벌에서 많이 잡혀 충청도에서는 바지락전, 바지락초무침, 바지락국, 바지락죽 등 다양한 음식으로 이용되었다. 바지락이라는 이름은 호미로 갯벌을 긁을 때 부딪히는 소리가 "바지락바지락" 들린다고 하여 붙여진 이름이다. 정약전의 《자산어보》에는 천합(淺蛤)이라는 이름으로 설명하며 "살도 풍부하며 맛이 좋다."라고 기록하고 있다. 칼슘, 철, 인, 비타민 B_2가 풍부하며, 담즙의 분비를 촉진하고 간장의 기능을 활발하게 하는 작용이 있어 예로부터 황달에 걸리면 바지락 끓인 물을 먹게 했다. 피로의 해소 및 숙취 제거 식품으로도 효과가 좋으며 껍데기가루는 칼슘을 보충하거나 땀을 많이 흘리는 경우에 좋다고 전해진다. 바지락전은 굵게 다진 바지락살에 양파와 송송 썬 풋고추, 다진 마늘, 밀가루, 달걀, 소금을 넣고 반죽하여 식용유를 두른 팬에 노릇노릇하게 지진 전으로 충청도에서 즐겨 먹었다.

✿ 재료 및 분량

부추 1컵, 바지락살 1/2컵, 부침가루 1⅓컵, 소금 1작은술, 홍고추 1개, 참기름 약간, 식용유 적당량

초간장재료 간장 2큰술, 물 1큰술, 식초 1큰술, 참기름 약간, 통깨 약간

✿ 조리방법

1 부추는 씻어서 잘게 썰어 준다.

2 바지락은 해감을 하고 준비한다. 살만 발라내어서 준비한다.

3 부추와 바지락살을 섞고 소금 간을 한다.

4 여기에 부침가루를 넣고 섞어준다.

5 물을 넣고 잘 섞어 준 다음에 참기름 한두방울을 떨어뜨려서 고소한 향이 섞이도록 저어 준다.

6 홍고추를 썰어서 고명으로 준비한다.

7 팬에 한입에 먹기 좋은 크기로 반죽을 올리고 위에 홍고추를 올려 준다.

8 양념장을 만들어 같이 낸다.

경상도

경상도는 고려 때 이 지방의 대표적 고을인 경주와 상주 두 지방의 머리글자를 따온 지명으로 신비의 가야문화, 천년 왕조의 찬란한 신라의 불교문화, 선비정신의 유교문화 등이 조화를 이루고 있는 민족문화의 본산지이다. 특히 경상북도는 태백산맥과 소백산맥의 지맥, 그리고 낙동강과 그 지류들에 의해 크고 작은 분지와 평야가 많이 형성되어 이러한 지리적 영향과 교통의 불편함으로 외래문화의 유입이 타 지역에 비해 늦은 편이지만 그로 인해 지방이나 종가 고유의 문화는 잘 보존될 수 있었다.

경상남도와 경상북도를 가로질러 흐르는 낙동강 유역의 분지와 평야에서 각종 산물이 생산된다. 음식은 입이 얼얼하도록 맵고 간은 센 편으로 투박하지만 칼칼하고 감칠맛이 있다. 경상도 음식은 멋을 내거나 사치스럽지 않은 소박함이 특징이며, 방아잎과 산초를 넣어 독특한 향을 즐기기도 하고 싱싱한 어류는 회뿐만 아니라 소금 간하여 구이, 찜, 국을 끓이기도 한다. 곡물 음식 중에서는 국수를 즐기나, 밀가루에 날콩가루를 섞어서 반죽하여 홍두깨나 밀대로 밀어 칼로 썬 칼국수도 즐겨 먹는다. 육수를 내는 재료로 멸치나 조개를 많이 쓰고, 더운 여름철에도 더운 장국에 넣어 끓이는 제물국수를 즐기며, 범벅이나 풀떼죽은 그다지 즐기지 않는다.

안동 지방은 전통 문화에 대한 자부심이 강하고 전통 음식이 잘 보존되어 있다. 안동식혜는 다른 지역의 식혜와는 달리 찹쌀을 삭힐 때 고춧가루를 풀어서 붉게 물들이며 건지로 무를 잘게 썰어 넣어 새콤달콤하게 톡 쏘는 매운맛이 아주 독특한 특징이 있다. 제사의례를 매우 중요시 여겼던 유교문화의 본고장 안동의 헛제사밥은 제사음식처럼 고춧가루나 마늘을 쓰지 않고 각종 나물을 올려 집간장과 깨소금을 넣어 비벼먹는 비빔밥이다. 안동비빔밥은 매운 고추장이 아닌 간장으로 비벼낸 독특한 비빔밥으로 유명하고, 수란과 삶은 전복, 문어, 미나리, 대파를 담고 석이버섯과 실고추를 고명으로 얹어 새콤달콤하게 간을 한 잣국물을 부어 내는 수란채는 경주 최 부잣집에서 즐겨 먹던 음식으로 유명하다. 마산에서는 미더덕찜과 아귀찜을 즐겨 먹었다.

곡물음식 중에는 국수를 즐기는데, 밀가루에 날콩가루를 섞어서 만든 국수를 멸치나 조개 국물에 끓인 제물칼국수와 역시 밀가루에 콩가루를 섞어서 반죽하여 홍두깨로 얇게 밀어서 가늘게 채썰고 찬 장국에 말아서 꾸미를 얹은 건진 국수가 별미이다. 경상도식 동래파전은 기장에서 나는 파와 언양의 미나리, 조개, 굴, 홍합 등을 함께 넣고 부친 음식으로 파를 번철에 나란히 놓고 위에 해물을 놓고 쌀가루와 찹쌀가루를 묽게 푼 반죽을 얹어서 지지는 음식이다. 경상도 추탕은 미꾸라지를 푹 고아서 체에 걸러 뼈를 가려낸 다음 배추시래기, 숙주, 고비 등의 채소를 넣고, 된장과 고추장을 풀어 끓이고 산초가루를 뿌려서 먹는다. 경상도에서는 다른 지방보다 된장을 많이 먹는 편인데 막장, 담북장도 즐기고 여름철에 단기간에 숙성시키는 집장이나 등겨장도 있으며, 이를 이용하여 채소에 된장이나 고추장을 섞어서 찌는 장떡도 즐겨 만든다.

주식으로 무를 넣고 지은 무밥, 멸치 장국에 찬밥과 송송 썬 김치, 콩나물을 넣고 끓여 즉석으로 먹을 수 있는 간편하면서도 추억어린 음식인 갱식 등이 있는데 서북부지방에서 상갓집의 속풀이 음식이었다. 콩국수, 조개국수, 닭칼국수, 애호박죽, 떡국 등의 일품요리가 있고 국으로는 재첩국, 추어탕, 대구탕, 깨즙국, 미역홍합국, 시래깃국 등이 있다. 아귀찜, 미더덕찜, 장어조림, 돔배기(상어)구이, 조개찜, 파전, 돔찜, 영덕게찜, 해물잡채, 멸치회, 은어회, 도다리물회, 생선식해 등을 주로 반찬으로 먹고 있으며, 채소 찬물로는 호박선, 미나리찜, 배추적, 꼴뚜기무생채, 장떡 등이 있다. 장아찌는 무말랭이로 담근 골곰짠지와 당귀·단풍진 콩잎으로 담근 것을 주로 먹었다. 김치는 얼얼하도록 맵고 짠 것이 특징이며 콩잎, 우엉, 부추 등을 이용하였다. 떡에는 모시잎송편, 찹쌀가루에 밤과 씨를 뺀 대추, 삶은 콩, 삶은 팥 등을 버무려서 시루에 찐 만경떡, 칡떡, 잡과편 등이 있고 후식류에는 유과, 대추를 부드럽게 쪄서 조청에 조린 다음 볶은 참깨에 굴려 옷을 입힌 것으로 제상 등 귀한 상에 빠지지 않는 대추징조, 다시마정과, 우엉정과 등의 조과류가 있다. 음료로는 안동식혜, 수정과, 유자화채, 유자차, 잡곡미숫가루, 주류로는 향온주, 안동소주, 경주교동법주, 함양국화주, 부산산성막걸리, 김천과하주, 안동송화주, 안동소주, 문경호산춘 등이 있다.

1) 경상북도 축제 목록

지역	축제명	개최시기	주요 내용	주최/주관
경산시	자인단오-한장군놀이	6월	한장군제, 가장행렬, 전통생활용품전, 원효성사 탄생 다례제, 장사씨름대회	경산시/(사)한장군놀이보존회, 경산문화원
경주시	신라 문화제	10월	제전, 민속경연, 예술행사, 불교행사, 학술행사, 공연	경주시/신라문화선양회
	경주 한국의 술과 떡 잔치	3월	전시행사, 공연행사, 참여행사, 특별행사, 판매행사	경주시
고령군	대가야 문화예술제	6월	우륵추모제, 전국우륵가야금경연대회, 문학의 밤, 시조창발표회 등	고령군
	우곡그린수박 축제	5월	수박품평회, 먹기, 씨뱉기 대회, 시식회, 조각작품전시, 먹거리 장터	우곡수박 작목반연합회
	고령 딸기 축제	3월	딸기품평회, 딸기 먹기대회, 선별대회, 시식회, 작품전시, 먹거리 장터	쌍림 딸기 영농조합
	성산 메론 축제	5월	품평회, 시식회, 품종 전시회, 먹거리 장터,	성산 메론 작목반연합회
구미시	금오대제	2월	정월대보름 전통민속 축제, 솟대고사, 제례, 뒤풀이, 당산풀이, 음복 등	구미시/구미문화원
김천시	김천 포도 축제	7월	대도시 포도 나눠주기, 포도아가씨 선발대회, 포도농장 현장체험	김천시/농협김천시지부
	황악산 산채 음식 축제	4월	산채음식 전시회, 산채음식 시식회, 산채음식 요리경연 등	김천시
문경시	문경 전통 찻사발 축제	5월	문경전통 찻사발 및 도자기 명품전, 도예인 물레차기시연, 선조도공 추모제, 도자기 제작 체험 등	문경시
	문경 산악 체전		문경새재 맨발걷기대회, 주흘산 산행대회, 문경새재 등반대회, 산악자전거 대회, 패러글라이딩 대회	
봉화군	봉화 은어 축제	8월 초	토종물고기 및 농특산물 전시, 은어잡이 체험행사, 먹거리 장터, 현장체험 행사	봉화군
	봉화 송이 축제	10월 초	송이 채취 체험 및 농특산물 전시 판매행사, 송이요리경진대회, 먹거리 장터운영	
	청량 문화제	10월 초	군민화합의 장, 고유문화향연 행사, 민속놀이 경연, 군민솜씨 자랑, 전시행사 등	봉화군/봉화문화원
	봉성 돼지숯불요리 축제	7월 중	요리 시식회, 돼지숯불요리촌 운영, 전시행사, 체육행사 등	봉화군
	춘양목 축제	5월 중순	춘양목판매행사, 전시행사, 춘양목체험 등반대회, 산나물 채취 체험행사	

(계속)

지역	축제명	개최시기	주요 내용	주최/주관
봉화군	재산수박 축제	8월 말	수박시식회 및 품평회, 전시행사, 수박을 이용한 음식 시식행사	
	명호이나리 강변 축제	8월 초	농특산물 및 물고기전시, 민물고기 잡이 체험행사, 관북농촌체험마을운영, 홍보관 운영 등	
상주시	상주 예술제	5월	백일장, 시 낭송회, 미술/서예 대회, 민요창, 국악 경연대회, 국악협회 연주회, 연극공연 및 사진 전시회	한국 예총상주지부 등
	한여름밤의 축제	7월	청소년어울마당, 자매결연 도시와의 밤, 시민노래자랑	한국 예총상주지부/상악회
	상주 곶감 자전거 축제	10월	산악자전거 대회, x-game, 철인 2종 경기, 곶감마라톤대회, 감 관련 이벤트, 곶감품평회 등	상주시
	상주 문화제	10월	전통기능 경연, 궁도대회, 경상감사 도임순력 행차 재현, 상주성탈환 재현, 읍면 농악경연대회 등	상주 문화원/상주로타리 클럽
성주군	성주 참외 축제	5월	성주참외 아가씨 선발대회, 참외 품평회 및 농경체험 행사, 성주참외장사 씨름대회, 참외마라톤대회	성주군
	전국 민족극 한마당	8월	전국 극단 마당극 공연, 특별초청공연, 장승깎기, 도자기, 페이스페인팅, 워크샵, 심포지움 개최 등	(사)한국민족극운동협회
	성주 막걸리 축제	5월	전통술 심포지엄, 전국막걸리 시판, 술익는 거리, 전통주막촌	성주군
안동시	안동 국제탈춤 페스티벌	9월~10월	탈춤마당, 하회선유줄불놀이, 탈 공모전, 탈춤배우기, 탈만들기, 창작탈전시, 탈깃발전	안동시
	안동 민속 축제	10월	차전놀이, 놋다리밟기, 저전논매기, 제기차기, 그네뛰기 등	안동시/안동문화원
영덕군	영덕 은어 축제	7월 또는 8월	은어 낚시, 은어요리 시식회, 오십천 은어 음악회	영덕군
	영덕 대게 축제	4월	선단점등식, 대게잡이 어선시승회, 영덕대게 요리대회, 영덕대게 시식회	
	영덕 비치 드레그레이스 대회	7월	해변음악회, 불꽃놀이, 명차시승식, 자동차묘기, 명차전시, 세발자전거대회, 비치 드레그레이스	영덕군/한국자동차협회
	영덕 해변 축제	7월	모래조각경연, 바다조개줍기, 해변열린미술마당, 신돌석장군배 전국씨름왕 대회, 비치사커대회	영덕군/영덕관광진흥협의회
	영덕 해맞이 축제	1월 1일	제야타종, 달집태우기, 해맞이기원, 소망축등, 영덕대게 경매, 경북대종 타종 체험	

(계속)

지역	축제명	개최시기	주요 내용	주최/주관
영양군	영양 고추 문화축제	9월	고추아가씨 선발, 고추따기 씨름왕선발, 용놀이, 행다시연 및 들차회, 지역특산물 전시·판매	영양군
영주시	풍기 인삼 축제	10월 초 (10월 1일 ~6일)	전시행사(인삼재배, 인삼요리전시), 체험행사(인삼캐기, 깎기), 인삼판매, 특산물판매 등	축제추진위원회
영천시	영천 한약 축제	10월	공연, 전시, 체험, 한방나눔 행사, 기타 부대 행사	영천시
	별빛 축제	5월	전국별빛문화체험축제, 별빛마을체험, 천문대체험, 천문과학강연 및 천체관측	
예천군	군민 민속놀이 대회	1월~2월	윷놀이, 연날리기, 널뛰기	예천군/생활체육협의회
	예천 문화제	10월	솜씨자랑, 백일장, 사진 전시회 등	예천군/예천문화원
울릉군	울릉도 오징어 축제	8월	풍어기원제례, 오징어 체험승선 견학, 오징어 요리경연, 울릉도 전통 떼배 경주, 오징어 마라톤대회, 바다 낚시대회 등	울릉군
	우산 문화제	10월	우산제전, 향토음식시연 및 시식회, 동남동녀선발대회, 전통민속 생활용품 재현 등	울릉군/울릉문화원
울진군	울진 대게 축제	3월~4월	대게가요제, 떼배노젓기, 달리기, 선박무료 시승, 큰대게포획경연, 대게 먹기, 요리경연 등	울진군/후포수산업협동조합
	평해 남대천 단오제	6월	제천제례, 월송큰줄당기기, 겨루기,씨름대회, 장승시연, 별신굿무속제,	평해읍/평해읍청년회
	울진 왕피천 여름 즐기기	7월 말	은어잡이, 은어낚시, 왕피천 물놀이대회, 왕피천용왕제, 그린음악회 등	울진군
	백암 온천제	8월 중	산신제, 온천제례, 출향인의 밤 경연, 전국통기타경연, 백암산 등반 등	
	울진 송이 축제	10월 초	산신제, 송이품평회(송이왕 선발), 울진송이채취, 울진송이경매전, 울진송이로또전, 전시관직판장, 송이생태관찰장, 송이요리체험 등	
	성류 문화제	10월 중	성류제향, 전시회, 울진봉평신라비 서예공모전, 전시회, 전국시조경창대회	울진군/울진문화원
청도군	청도 소싸움 축제	3월	국제 소싸움 라이벌전, 싸움소 빅 게임, 농경문화체험장 등	청도군/청도투우협회
청송군	주왕산 수달래제	5월	수달래제례, 수달래꽃잎 띄우기, 도립교향악단 연주회, 장승솟대 깎기, 특판장 운영	청송군/청송문화원
칠곡군	아카시아 벌꿀 축제	5월	아카시아꽃길걷기대회, 벌수염붙이기, 지역 문화단체 공연, 예술단 초청공연, 허니 마라톤대회	칠곡군/칠곡문화원

(계속)

지역	축제명	개최시기	주요 내용	주최/주관
포항시	호미곶 한민족 해맞이축전	1월 1일	KBS sunrise 콘서트, 호미곶 결혼식, 각종 이벤트 공연	경상북도 포항시
	포항 과메기 축제	12월 말~1월 초		경상북도 포항시/경북 매일
	포항 국제불빛 축제	7월~8월		포항시/포항시축제위원회, POSCO
	포항 단오절 민속 축제	6월	그네뛰기대회, 여성한복 맵시자랑 대회, 풍속 음식 나누어먹기, 윷놀이대회 등	포항시/포항문화원
	포항 바다 국제연극제	7월~8월	국내외 연극전문 공연단체 공연, 무용, 국악, 갈라쇼, 연극워크샵,	포항시/포항연극협회
	송도 해변 축제	7월~8월	해변 한마음 가요제, 3차원 영상 영상멀티미디어쇼, 가족영화제, 레크한마당, 해무용제,	포항시/경북일보
	북부 해변 축제	7월~8월	북부해변가요제, 초청공연, 타악 퍼포먼스, 클래식 공연, 모래 작품전시회, 영화상영	포항시/대구신문
	울림 뮤직 페스티벌	8월	포항 불빛 축제 기간 중 개최, 일렉트로닉 공연, 힙합 공연, 뮤직 페스티벌.	포항시/울림페스트벌 진행위원회

2) 경상북도 농가 맛집

농가 맛집	특징	주소	연락처	대표메뉴
가락지	12가락의 농악 전해지는 빗내마을	김천시 개령면 빗내길 109-9	054-436-4903	도토리묵, 도토리묵 말랭이볶음
고두반	신라 천년의 문화를 간직한 상차림	경주시 대기실 3길 11	054-748-7489	랑산밥상, 고두반밥상, 다시마모두부
덕유당	유기농한우 맛보기 위해 발길이 이어지는 곳	예천군 지보면 소화2길 105-13	054-653-8535	참우느르미덮밥, 솔잎 돼지수육
무섬 골동반	외나무 다리가 있는 아름다운 섬	영주시 문수면 무섬로 238-3	054-634-8000	무섬골동반, 무성선비정식, 배추전
문경새재 오는길	전통을 지켜내며 문화 교류를 이끄는 맛	문경시 문경읍 각서웟길 7	054-572-3392	산채장아찌정식, 한방약돌돼지수육
산수유길 사이로	알알이 붉은 산수유가 꽃처럼 피어난 자연밥상	봉화군 봉성면 산수유길 202-64	054-673-5860	한방토종밥상, 산수유정식, 당귀밥
솔입솔방	들녘과 동해안의 푸르름을 간직한 곳	포항시 남구 대송면 운제로길 267 26번	054-285-3999	모리국수전골, 포항물회, 해돋이골동반
시루방	전통과 한방의 조화를 이룬 문화 공간	영천시 시청로 7	054-334-4300	산삼배양근비빔밥, 돔배기구이
안동화련	연꽃같은 우아하고 단아한 자태	안동시 일직면 하나들길 150-23	054-858-0135	연입밥, 연잎칼국수, 연자육찜

3) 경상남도 축제 목록

지역	축제명	개최시기	주요 내용	주최/주관
거제시	해양스포츠 "바다로 세계로"	7월 말~ 8월 초	각종 바다스포츠, 전국에어로빅경기대회, 전국 바다장사씨름대회, 바다콘서트, 라디오열전	MBC 스포츠국, 창원문화방송
	옥포대첩 기념제전	6월	제례봉행, 해군의장/군악대 시범, 팔랑개어장놀이, 임란사료전, 승첩풍어제,그네뛰기,석전대회, 궁도대회 등	거제문화원, 제전위원회
	거제 예술제	10월	거제예술상 시상식, 소극장축제, 각종 에술제, 오케스트라 초청공연	한국예총 거제지부
	거제 고로쇠 약수제	2월 초	약수제례, 약수시음회, 약수빨리마시기 대회, 약수전통음식판매, 직판장 운영 등	거제시/고로쇠 약수 협의회
	대금산진달래축제	3월 말~ 4월 중순	민속공연, 공연행사, 단체스케치, 소원지달기, 허수아비만들기, 향토음식점운영, 그린캠페인 등	거제시
거창군	아림 예술제	9월	시가행진, 시조경창대회, 마징밴드쇼, 천연염색전 및 기타 예술 행사	거창군
	거창 국제연극제	7월	민속가무, 뮤지컬, 연극공연, 각종 학술 세미나, 문화체험, 워크샵	거창군/(사)거창국제연극제육성진흥회
고성군	고성 공룡나라 축제	4월 말	고성공룡축제, 함평 나비 대축제 기획전, 교육관, 테마관, 놀이체험관, 학술대회, 문화/예술/공연행사 등	고성군/(사)고성공룡나라축제추진위원회
	소가야 문화제	10월경	서제, 고성인의 밤, 가장행렬(구지봉설화,당항포의 북소리, 민속공연팀 행렬), 오광대 공연, 민속줄다리기, 문화예술행사 등	고성군/소가야문화제 보존회
김해시	가락문화제	5월	전야제, 공개행사, 민속행사, 동화구연대회	김해시
	분청 도자기 축제	10월	의식, 전시, 체험, 공연 등 부대행사	김해시/김해도자기협회
	가야문화축제	3~4월 중	가야 관련 공연, 전통 시장 등	김해시/(사)가야문화축제 제전위원회
남해군	화전문화제	10월	전야제, 축등행사, 군민화합 체육대회, 문화예술행사	남해군/남해문화원
	이충무공 노량해전 승첩제	4월	노량해전재현, 문화행사, 해군함정 관람, 거북선 관람	남해군
	정월대보름 달맞이 행사	2월, 5월	풍어제, 해상불꽃놀이, 달집태우기, 대동놀이	상주면/상주해수욕장 번영회
밀양시	밀양문화제	4월 말	밀양아리랑의밤, 가장행렬, 박시춘가요제, 모범규수아랑 선발 등	밀양문화제 집전위원회
	밀양 여름 공연 예술 축제	7월	초청공연, 젊은연출가전, 대학극전, 이윤택전 세미나등	밀양연극촌/연희단거리패
	삼랑진 딸기 한마당 축제	3월 말~ 4월 초	풍년기원제, 딸기먹기 및 쌀기대회, 딸기품평회 및 먹거리장터, 딸기비교전시회	삼랑진농협
	밀양 얼음골 사과 축제	11월 초	우수사과품평회, 도전! 꿀사과, 사과재배 세미나, 민속놀이 및 전야제 등	얼음골사과 발전협의회

(계속)

지역	축제명	개최시기	주요 내용	주최/주관
사천시	와룡 문화제	5월	와룡문화제서제, 길놀이마당, 도예전, 서예전, 시화전, 학생미술실기대회, 웅변대회, 시조경창대회, 등	사천시
	전국 생선회 축제	5월	회썰기대회, 요리사 초빙경영대회, 생선회요리 전시회등	삼천포수협
	사천시 삼천포항 팔포전어 축제	8월	전어판매, 전어빨리먹기대회, 회만들기, 선박퍼레이드, 해산물재취경진대회, 해녀수영대회,경매인참여, 전등제, 전어그리기대회	삼천포 팔포상가번영회
산청군	남명 선비 문화 축제	8월	의병출정식, 남명서사극, 남명제, 전국한시백일장, 학술대회	산청군/덕천서원, 남명연구원
	지리산 한방약초 축제	5월	축제홍보관, 참여/체험/전시/판매 행사, 제전, 공연행사, 학술세미나	산청군
양산시	삽량 문화제	10월 초	문예행사, 민속행사, 체육행사	양산문화원
의령군	의병제전	4월	의병학술 토론회, 가장행렬 및 시가 행진, 전국의병 궁도대회, 의병격전지 남강 뗏목탐사, 의병출정식 재현	(사)의병제전위원회
진주시	진주 논개제	5월	의암별제, 진주오광대, 진주삼천포농악, 진주검무, 진주포구락무, 논개투신재현 등	진주시
	개천 예술제	10월	예술경연, 민속경연, 예술문화축하행사, 각종 전시회 등	진주문화예술재단
진주시	진주 남강유등 축제	10월	세계등전시, 한국의 전통 등전시, 창작등 전시, 유등 띄우기, 소망등달기 창작, 등만들기, 각종 부대행사 등	진주시/진주문화예술재단
	진주 민속 소싸움대회	10월	소싸움 대회, 민속공연	진주시/경남일보, 한국진주 투우협회
창녕군	3.1 민속 문화제	3월	중요무형문화재 시연, 구계목도, 골목줄다리기, 시조경창대회, 민속짚공차기 등	3.1민속문화향상회
	부곡 온천제	9월	온정제, 온천취수봉송, 칠선녀행력 등	부곡관광협의회
	비사벌 문화제	10월 초	진흥왕, 의병행렬, 기념식, 각종 문화 예술 체육 행사	창녕군
	화왕산 갈대제	10월 초	산신제, 의병추모제, 통일기원횃불행진, 연날리기 등	배바우산악회
창원시	시민의날 기념 축제	4월	야철제례, 축하공연, 동대항 체육경기, 직장한마당, 대학노래패공연, 시민합창	창원시
	창원 야철 축제	3월~4월	문창제놀이, 가장행렬, 고향의봄축제, 축하한마당	창원시/야철 축제 제전 위원회
	천주산 진달래 축제	4월	산신제, 사생대회 및 백일장, 윷놀이, 제기차기, 등산대회, 자연보호등	창원시

(계속)

지역	축제명	개최시기	주요 내용	주최/주관
창원시	비음산 진달래 축제	5월	제례, 등산대회, 축악연주	창원시/창원문화원
	창원 수박 축제	5월	수박품평회, 수박아가씨 선발, 노래자랑	창원시
	창원 단감 축제	10월	전야제, 단감아가씨 선발대회, 단감품평회	
	창원종합예술제	10월~11월	국악제, 음악제, 미술제, 연극공연, 미협회원전, 문학의 밤, 가을음악회, 무용페스티발, 전국사진 공모전등	창원시/창원예총, 진해예총
	창원 책 문화 축제	10월	전시행사(북아트 등), 부대행사(뮤지컬행사), 부스행사	창원시/창원예총
	마산 가고파국화 축제	10월	국화전시, 일반화훼 및 분화전시, 국화일상 생활전시, 국화재배체험장 운영 등	창원시
	마산 어시장 축제	9월 중	풍어제, 어시장가요제, 불꽃놀이, 영페스티발, 어시장아지매선발대회 등	마산어시장 번영회
	가고파큰잔치	5월	전야제, 기념식, 마산기네스북, 농청놀이 등 민속행사, 체육행사, 문화 예술행사, 축하행사	창원시
	만날제	9월	만날제향, 민속향연, 윷놀이, 보물찾기, 시민노래자랑 등	마산예술문화단체총연합회
	진해 군항제	4월	이충무공 승전행사, 추모제, 팔도명산물 시장, 시민 열림마당	(사)이충무공호국정신선양회
	김달진 문학제	9월	김달진문학상 시상식, 도서 및 옛편지글 전시회, 노인구연대회, 시낭송페스티벌, 심포지엄, 백일장	김달진문학제전위원회
통영시	통영 나전칠기 축제	8월	통제영 12공방 재현, 나전칠기 제작과정 및 재료전시, 중요무형문화재 작품전, 기타 무대공연 및 체험코너	전통공예관운영위원회, 무형문화재보존협회
	통영 국제음악제	3월	오케스트라, 클래식 연주회, 프린지(합창, 합주, 실내악 등), 통영을 빛낸 예술인 추모행사	통영시/창원MBC, 월간객석
	한산대첩 축제	8월	고유제 봉행서막식, 군점수조, 한산대첩재현, 한산대첩 기념제전 행사, KBS 해변음악회 영상축제, 통영상륙작전 기념 행사, 한려수도 바다 축제	통영시/해군 진해 기지사령부 해병 1사단, KBS창원
	경남 국제 음악 콩쿠르	11월	윤이상 관련 음악 3개부문 콩쿠르 대회(첼로, 피아노, 바이올린)	경남/창원 MBC, (재)통영국제음악회
하동군	토지 문학제	10월	평사리 문학대상작품 공모 및 시상, 토지백일장, 퀴즈문학 아카데미	하동군/하동문학회
	나림 이병주 문학제	4월	나림전국학생 백일장, 나림독후감 공모 및 시상, 문학세미나 등	나림기념사업회
	하동 문화제	4월	문화예술종합전시회, 한시백일장, 민속경연대회	하동군/하동문화원
	개천대제	10월	청학단풍제, 개천대제, 전통무술한마당	청학선원 배달성전
	고로쇠 약수제	경칩 전후	고로쇠 무료시음회, 약수제향, 고로쇠 축제 한마당	고로쇠 생산자 협의회
	하동 야생차 문화 축제	5월	찻사발축제, 전국어린이 차예절경연대회, 차여인 선발 대회, 차 시배지 다례식, 야생녹차가요제, 범패공연	하동 야생차 문화 축제추진 위원회

(계속)

지역	축제명	개최시기	주요 내용	주최/주관
하동군	화개장터 벚꽃 축제	4월	벚꽃 가수왕 선발, 특산물 판매장, 봄나물직판장, 벚꽃장사 선발전 등	하동군/화개면 청년회
	전어 축제	8월	전어무료시식회, 노래자랑, 해상불꽃놀이, 놀이한마당	술상어촌계/진교면 청년회
	참숭어 축제	10월	참숭어 전시판매, 참숭어 고르기 대회, 참숭어 시식 코너	하동군 수협
	악양 대봉감 축제	10월 말~11월 초	대봉감품평회, 대봉, 단감 시식회 및 요리, 민속놀이	악양면 청년회
	형제봉 철쭉제	5월 초	산신제, 전국산악인 등반, 지역주민 화합의 장	악양 산우회
함안군	아라제	9월	전야제, 공개행사, 문화전시 행사, 민속행사, 체육행사	아라제위원회
함양군	함양 물레방아 축제	10월	문화예술행사, 모형물레방아전시, 벽송사 목장 승깍기, 기백산산악 마라톤대회, 산약초전시	함양군
합천군	대야 문화제	10월	공연행사, 청소년행사, 민속경기, 체육행사, 전시행사, 가장행렬	합천군
	황매산 철쭉제	5월 초	제례행사, 문예체험행사, 문화공연	황매산 철쭉제 제전위원회
	황강 모래 축제	8월 초	출발동서남북, 물따라 달리기, 야외공연, 모래밭 체육대회	합천청년회의소
	팔만대장경 축제	4월 초	팔만대장경 이운 행렬, 템플스테이, 대장경인경, 판각체험, 문예행사	해인사/가야 청년회

4) 경상남도 농가 맛집

농가 맛집	특징	주소	연락처	대표메뉴
가향	햇살 좋고 물맛 좋은 축복의 땅	밀양시 산외면 산외로 425	055-353-3399	약선정식, 땅속김치전골
깜이네	산으로 뜰로 뛰놀고 자연을 벗삼아 즐기는 곳	함안군 여항면 주서 3길 216	055-583-5450	흑염소불고기, 흑염소육개장
돌담사이로	고즈넉한 정취가 담긴 산나물밥상	거창군 위천면 화산 1길 81	055-941-1181	산내음밥상, 매실돼지수육, 고추다지미
만점실개천	드넓은 바다만큼 인정과 정겨움이 넘치는 곳	사천시 곤양면 곤북로 652-19	055-853-9393	유채비빔밥, 봄새순전, 가리장
물레방아골	용추계곡 푸른 물길 안고 돌아 경치 구경	함양군 안의면 신안길 53	055-963-6649	취나물밥, 산나물비빔밥, 쑥개떡
예담원	올곧은 선비 정신과 풍류가 넘치는 상	산청군 단성면 지리산대로 2897번길 8-1	055-972-5888	약초비빔밥, 지리산촉돼지수육
청학이 머무르는 산삼마루	학이 천년을 사는 무릉도원	하동군 청암면 청학로 2533-7	055-883-6628	청학원기탕, 산나물 산양삼비빔밥

헛 제 삿 밥 ─ ❋
안동헛제삿밥

《해동죽지》에 제사 지낸 음식으로 비빔밥을 만들어 먹는 풍습이 있다고 기록되어 있다. 유교 문화의 본고장인 안동 지역의 헛제삿밥이 다른 지역에 비해 유명하다. 평상시에는 제삿밥을 먹지 못하므로 제사음식과 같은 재료로 비빔밥을 만들어 먹는 것에서 유래된 것이다. 또 다른 유래는 유생들이 풍류를 즐기며 거짓으로 제사를 지낸 후 제사음식을 먹었다고 하는 설과 상인들이 쌀밥이 먹고 싶어 헛제사 음식을 만들어 먹었다는 설이 있다.

실제 제수와 똑같이 각종 나물과 미역부각, 상어, 가오리, 문어, 산적, 여기에 육탕, 어탕, 채탕, 막탕 등의 음식이 제공된다.

✿ 재료 및 분량

쌀 2컵, 밥 짓는 물 2⅓컵, 무 1/3개, 두부 1/2모, 상어 200g, 쇠고기 200g, 간고등어 1/2마리, 달걀 2개, 동태포·시금치·콩나물·배추 80g씩, 삶은 고사리·도라지 50g씩, 다시마 30g, 국간장 2큰술, 다진생강 1작은술, 참기름·깨소금·식용유 1/2큰술씩, 소금 2작은술, 물 적당량

반죽물 밀가루 2큰술, 국간장·참기름 1작은술씩, 소금 약간, 물 1큰술

✿ 조리방법

1 쌀은 깨끗이 씻어 30분정도 불린 후 물을 부어 밥을 짓는다.

2 간고등어와 상어는 손질하여 3×7×1cm로 썬 후 상어는 소금을 약간 넣어 간을 한다.

3 쇠고기는 3×7×1cm로 썰어 소금으로 간을 한다.

4 달군 팬에 식용유를 두르고 **2**와 **3**을 꼬치에 끼워 지진다.

5 시금치는 다듬어서 끓는 물에 소금을 넣고 데친 후 소금, 참기름, 깨소금으로 무친다.

6 도라지는 소금으로 비벼 씻어 쓴맛을 빼고 데친 후 소금, 참기름으로 양념하여 달군 팬에 식용유를 두르고 볶는다.

7 삶은 고사리는 씻어 물기를 빼고 국간장, 참기름으로 무쳐 팬에 볶다가 물(1큰술)을 넣어 익힌다.

8 무의 반은 2×2×0.5cm 크기로 나박 썰기 하고, 나머지 반은 5×0.2×0.2cm 크기로 채썰어 소금에 절인 후 물기를 빼고 팬에 식용유를 두르고 다진 생강, 소금, 참기름을 넣어 볶는다.

9 콩나물은 씻어 소금 간을 하여 물을 약간 붓고 볶아 참기름, 깨소금으로 무친다.

10 동태포는 어슷하게 썰어 놓고, 두부는 반은 사방은 2cm 깍둑 썰고, 반은 1cm 두께로 썰어 소금 간하여 지진다.

11 배추는 칼등으로 두들겨 놓고, 다시마는 물 4컵에 불려 반은 5×5cm 크기로, 반은 2×2cm 크기로 썰고, 다시마물은 따로 둔다.

12 밀가루에 소금, 참기름, 국간장, 물을 넣고 섞어서 반죽물을 만든다.

13 달걀 1개는 소금 간을 하여 풀어 놓고, 나머지는 소금을 넣고 삶는다.

14 달군 팬에 식용유를 두르고 다시마(5×5cm 길이)와 배추잎은 반죽물을 묻혀 지지고 동태포는 밀가루, 달걀물 순으로 묻혀 부친다.

15 냄비에 **11**의 다시마 불린 물을 넣고 끓여 다시마, 무를 넣고 국간장과 소금으로 간을 하고 끓으면 두부를 넣고 한소끔 더 끓인다.

16 밥과 준비한 국, 각종 나물, 전, 삶은 달걀을 담고 국간장을 곁들인다.

굴떡국—❋

떡국은 병탕(餠湯) 또는 탕병(湯餠)이라고 하며, 겨울철에 흰 가래떡을 타원형으로 얇게 썰어 장국에 끓이는 것으로 정월 초하루에 꼭 만들어 먹는 우리나라 고유의 음식이다. 떡국의 떡가래 모양도 각각의 의미가 있는데, 시루에 찐 떡을 길게 늘여 가래로 뽑는 것은 재산이 쭉쭉 늘어나라는 의미를 담고 있고, 가래떡을 둥글게 써는 이유는 둥근 모양이 엽전의 모양과 같아 그 해에 재화가 충분히 공급되기를 바라는 기원이 담겨 있다. 떡국 위에 얹는 고명은 지방에 따라 조금씩 다르며, 충청도 지방은 생떡국, 개성 지방은 조랭이떡국, 경상도 지방은 굴떡국 등이 유명하다. 경상도의 떡국은 쇠고기 대신에 멸치로 국물을 내고 싱싱한 자연산 굴을 넣어 끓이는 것이 특징이다.

🏵 재료 및 분량

가래떡 600g, 굴 200g, 두부 1/5모, 달걀 1개, 김 2장, 국간장 1큰술, 소금 1작은술, 식용유 적당량, 멸치장국국물 8컵

양념장 간장 1큰술, 다진 파·다진 마늘·깨소금 2작은술씩, 참기름 1작은술

🏵 조리방법

1 굴은 소금물에 흔들어 씻어 놓은 다음 체에 밭쳐 물기를 뺀다.

2 두부는 2cm 크기로 깍둑썰기 한다.

3 달걀은 황백지단을 부쳐 고명으로 만들어 놓고, 김은 살짝 구워 부순다.

4 흰떡은 0.3cm로 어슷썰기 하여 물에 씻은 후 물기를 뺀다.

5 냄비에 멸치장국국물을 넣어 끓인 다음 흰떡을 넣고 끓어오르면 굴, 두부를 넣고 국간장과 소금으로 간을 한다.

6 그릇에 떡국을 담고 황백지단과 김을 얹고 양념장을 곁들인다.

제물칼국수―❋
콩가루손칼국수

칼국수는 밀가루를 반죽하여 얇게 밀어서 칼로 썰어 만든다고 하여 붙여진 이름이다. 육수는 지역에 따라 다른 특성을 가지고 있는데 농촌지역에서는 닭 육수에 애호박과 감자 등을 넣어 끓이고, 산간지방에서는 멸치장국, 해안지방에서는 바지락장국으로 끓인다. 내륙 지방 칼국수는 사골 육수에 채썰어 볶아낸 호박나물과 쇠고기 고명을 얹어 깔끔한 국물 맛이 특징이고, 남도 지방 칼국수는 멸치에 마늘, 파 등을 썰어 넣어 끓인 국물에 고춧가루를 풀어 얼큰한 맛이 특징이다.

제물칼국수는 밀가루를 반죽하여 얇게 밀어서 칼로 썬 국수를 따로 끓는 물에 삶지 않고 국수의 장국에 넣어 그대로 삶았다는 뜻으로 장국이 약간 걸쭉하고 색이 흐린 특징이 있으며, 밀가루에 콩가루를 약간 섞으면 구수한 맛을 즐길 수 있다.

❀ 재료 및 분량

애호박 1/4개, 배추 100g, 김 1장, 멸치장국국물 8컵, 참기름 1/2큰술, 깨소금 1큰술, 소금 1작은술

칼국수 반죽 밀가루 3컵, 생콩가루 5큰술, 생검은콩가루 1큰술, 소금 1.5작은술, 물 적당량

❀ 조리방법

1 밀가루, 콩가루, 물, 소금을 넣고 반죽해서 얇게 밀어 0.3cm로 썬다.

2 애호박은 0.5cm 두께로 반달썰기 하고, 배추는 가로 3cm, 세로 5cm 크기로 썬다.

3 김은 살짝 구워 가로 1cm, 세로 5cm 크기로 자른다.

4 냄비에 멸치장국국물을 부어 끓으면 1을 넣고 끓인다.

5 4에 애호박과 배추를 넣고 소금으로 간을 하여 한소끔 더 끓인다.

6 칼국수를 그릇에 담고 김, 깨소금을 얹고 참기름을 넣는다.

알토란탕 —❁

토란은 추석 전부터 나오기 시작하며 흙 속의 알이라 하여 토란(土卵)이라 하고, 연잎같이 잎이 퍼졌다 하여 토련(土蓮)이라고도 한다. 토란은 전분이 대부분이지만 표면의 점액질로 미끈거리기 때문에 조리할 때는 꼭 소금물이나 쌀뜨물에 삶아야 한다. 주로 토란탕, 산적, 찜, 조림, 구이, 장아찌, 엿 등으로 활용한다.

토란의 주성분은 당질, 단백질이지만 다른 감자류에 비해서 칼륨이 풍부하게 들어있다. 토란 특유의 미끈거리는 성분은 무틴으로 이것이 체내에서 글루크론산을 만들어 간장이나 신장을 튼튼히 해주고 노화방지에도 좋다. 토란의 아릿한 맛은 수산칼륨에 의한 것으로 열을 없애고 염증을 가라앉히는 작용을 하며, 특히 타박상, 어깨 결림이 있을 때 또는 삐었을 때 토란을 갈아서 밀가루에 섞어 환부에 바르면 잘 듣는다. 그리고 독충에 쏘였을 때 토란줄기를 갈아 즙을 바르면 효과가 좋고 뱀에 물렸을 때 응급치료로 토란잎을 비벼서 2~3장을 겹쳐 붙이면 고통이 멎고 독이 전신에 돌지 않는다.

✿ 재료 및 분량

토란 400g, 들깨 1컵, 쌀 1/2컵, 굴 1/2컵,
다진 마늘 2작은술, 소금 1큰술, 물 적당량

✿ 조리방법

1 쌀은 깨끗이 씻어 30분정도 불리고, 쌀뜨물을 받아 둔다.
2 들깨는 껍질을 제거하고 불려 둔 쌀과 물을 붓고 함께 곱게 간다.
3 토란은 껍질을 벗겨 쌀뜨물에 담갔다가 소금물에 삶는다.
4 굴은 소금물에 살짝 씻어 물기를 뺀다.
5 3의 토란을 물에 넣고 끓여 익힌 다음 4의 굴을 넣어 한소끔 끓이고, 2를 끼얹어 끓으면 마늘을 넣고 소금 간한다.

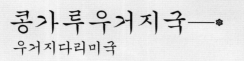

콩가루우거지국—❋
우거지다리미국

안동 지역에는 콩을 재료로 한 음식들을 많이 볼 수 있는데, 특히 날콩가루를 이용하여 다양한 채소류들과 버무려 찌거나 끓이는 음식들이 많다. 봄철에는 파나 마늘의 잎사귀 혹은 부추를 썰어서 날콩가루와 함께 쪄서 무쳐먹기도 하고, 여름이면 파의 잎을 송송 썰어 요리한다. 콩가루시래기국은 늦가을에 배추 잎이나 무 잎을 타래로 엮어서 말려놓은 시래기를 날콩가루와 함께 요리한 음식이다. 시래기를 이용하면 시래기국, 우거지를 이용하면 우거지국이라 하며 만드는 방법이나 순서는 같고, 된장으로 간을 하기도 한다.

* 시래기 : 무청을 말린 것
* 우거지 : 배추 겉 부분에서 걷어낸 잎을 말린 것

❀ 재료 및 분량

삶은 무청시래기 300g, 무 1/4개, 생콩가루 1컵, 물 5큰술, 멸치장국국물 8컵, 소금 2작은술

❀ 조리방법

1 무청시래기는 깨끗이 씻어 6~7cm 길이로 썰어 물기를 짜고 생콩가루로 넣고 무친다.

2 무는 5cm 길이로 가늘게 채썬다.

3 냄비에 멸치장국국물을 붓고 무를 넣고 끓이다가 무청시래기와 무채를 넣어 끓인 후 소금 간한다.

4 3이 한소끔 끓어오르면 약한 불로 낮추어 뭉근하게 끓인다.

5 콩가루 옷이 벗겨지지 않게 4에 물 5큰술을 고루 뿌려준다.

갱죽—❀
갱시기, 콩나물갱죽

갱죽은 갱시기, 밥시기, 콩나물김치죽, 밥국죽 등으로도 불리며 나물과 밥을 넣고 끓인 국밥 또는 죽을 말한다. 찬밥을 이용해도 좋고 감자나 고구마를 이용하기도 하며, 찬밥을 너무 많이 넣으면 끓인 후 밥이 불어서 국물이 없어지므로 밥은 적게 넣고 국물을 자작하게 해야 한다.

✿ 재료 및 분량

쌀 2컵, 콩나물, 배추김치 200g씩, 실파 5뿌리, 멸치 30g, 물 12컵, 국간장·참기름 1큰술씩, 소금 약간

✿ 조리방법

1 쌀은 깨끗이 씻어 30분 정도 불린 다음 물기를 뺀다.

2 멸치는 살짝 볶아 물을 부어 10분정도 끓여 멸치장국국물을 만든다.

3 김치는 1cm 길이로 송송 썰고, 실파는 3cm 길이로 썬다.

4 콩나물을 씻어 물기를 빼 놓는다.

5 냄비에 참기름을 두르고 김치를 볶다가 1의 쌀을 넣고 볶는다.

6 5에 2의 멸치장국국물을 부어 끓어오르면 콩나물을 넣고 주걱으로 저어 가며 끓인다.

7 쌀알이 다 퍼지면 실파를 넣고 국간장과 소금으로 간을 한다.

산초장떡——✤

고추장을 이용해서 만드는 장떡은 만드는 법이 간단하고 영양가가 높은 음식으로 특히 도시락 반찬과 밑반찬으로 좋다. 주로 경상남도와 충청남도 지역에서 장떡을 즐겨 먹어왔는데, 각 지역마다 특색 있는 조리법이 발전하여 왔다.

충청남도 지방에서 즐겨먹는 장떡은 다진 파와 마늘을 된장과 찹쌀가루, 고추장을 넣고 섞어 반죽하여 반죽을 둥글게 빚어서 표면만 살짝 햇빛에 건조시킨다. 건조시킨 장떡을 찜통에 30분간 찌고 손으로 형태를 다듬어 다시 햇빛에 건조시킨다. 건조시킨 장떡을 2~3mm 두께로 썰고 기름을 넉넉히 두르고 지져 먹는다.

경상남도 지방에서 즐겨먹는 장떡 만드는 법은 깨끗이 손질한 방앗잎과 들깻잎은 물기를 제거한 후에 곱게 다지고, 두부는 마른 행주에 꼭 짜서 물기를 뺀 다음 곱게 으깬다. 된장에 곱게 다진 방앗잎과 들깻잎, 두부를 밀가루와 함께 반죽한다. 프라이팬에 기름을 넉넉히 두르고 지름 5cm 길이로 반죽을 떠 넣고 먹음직스럽게 지져 낸다. 경상남도 지방의 장떡은 방앗잎과 된장의 향기가 함께 어우러져 향토색 짙은 맛을 내며 두부와 된장, 고추장을 함께 섭취하기 때문에 성인병 예방에도 좋다.

❀ 재료 및 분량

산초가루 1큰술, 밀가루 2컵, 돼지고기 250g, 두부 1/4모, 양파 1개, 감자 2개, 깻잎 10장, 달걀 1개, 고추장 2큰술, 된장·다진 마늘 1큰술씩, 식용유 적당량

❀ 조리방법

1 감자와 양파는 강판에 곱게 갈고, 돼지고기는 작게 다진다.

2 깻잎은 잘게 썰고, 두부는 물기를 제거하고 곱게 으깬다.

3 1과 2에 밀가루, 산초가루, 된장, 고추장, 달걀, 다진 마늘을 넣고 되직하게 반죽한다.

4 달구어진 팬에 식용유를 두르고 한 숟가락씩 떠 넣어 노릇노릇하게 지진다.

속새김치 ─ ✿
쓴바귀김치

쏨바귀김치를 경상도지방에서는 속새김치라고 한다. 쏨바귀를 소금물에 10일 정도 삭힌 다음 씻어 물기를 빼고 양념(고춧가루, 멸치젓국, 다진 파·마늘, 통깨)을 넣고 버무린 김치이다. 쏨바귀는 쓴맛이 나는 국화과의 식물로 고채, 씸배나물, 속새라고도 하며 쓴맛이 있으나 그 독특한 풍미 때문에 이른 봄에 채취한 뿌리와 어린순은 나물로 먹는다. 쏨바귀의 쓴맛은 소금물에 데쳐서 물에 여러 번 헹구거나 찬물에 30분 이상 담가두면 된다.

❀ 재료 및 분량

속새 600g, 소금 1컵

양념 고춧가루·멸치젓국 1/2컵씩, 다진 파·다진 마늘 3큰술씩, 통깨 1큰술, 설탕 1작은술

❀ 조리방법

1 속새는 다듬어 씻어 소금물을 부어 15일 정도 삭힌 후 건져 씻어 물기를 뺀다.

2 분량의 양념재료를 섞는다.

3 1의 속새에 2의 양념을 넣고 버무려 항아리에 담고 꼭꼭 눌러 익힌다.

골곰짠지—❋
무말랭이

경상도에서는 김장 무렵에 '골곰짠지'라고 하는 무말랭이김치를 담근다. 골곰짠지는 일종의 장아찌지만 김치가 떨어질 때쯤 먹을 수 있게 김치처럼 담그며 보존을 위해 최대한 물기를 제거한다. 무를 껍질째 도톰하게 썰어서 말리고, 고춧잎은 마지막 고추를 딴 다음 거두어 끓는 물에 데쳐서 말린다. 무말랭이와 고춧잎 외에 무청시래기, 배추속대를 말려서 섞거나 쪽파를 넣기도 하며, 매콤달콤하며 오도독 씹히는 맛이 있다.

❀ 재료 및 분량

무말랭이 300g, 무청시래기 80g, 소금 1/2컵, 물 적당량

양념 고춧가루 2컵, 찹쌀풀 1/2컵, 멸치액젓 1/4컵, 올리고당·설탕 2큰술씩, 다진 파 3큰술, 다진 마늘·통깨 1큰술씩, 소금 약간

❀ 조리방법

1 무말랭이와 무청시래기는 소금물에 담가 불린 후 씻어 물기를 빼고, 무청시래기는 4cm 길이로 썬다.

2 분량의 양념을 잘 섞는다.

3 1에 2의 양념을 넣어 골고루 버무려 항아리에 담아 익힌다.

사연지 —❋

사연지는 배추통김치 중 고춧가루를 전혀 넣지 않고 만든 김치의 한 종류이다. 작은 조기와 생멸치 액젓, 색색으로 곱게 채썬 고명재료를 섞은 뒤 이미 절여둔 노란 배추 속에 넣어 만든다. 사연지는 백 김치나 동치미처럼 국물을 많이 붓지 않는 것이 특징이며, 배추를 절일 때의 소금과 생멸치액젓으로 만 간을 한다. 냉장시설이 없던 예전에는 김치를 오래 저장하기 어려워서 사연지는 추운 겨울철 정 초에 떡국과 함께 주로 먹었고, 귀한 손님상, 특별한 주안상의 안주로 자주 올랐다. 이런 연유로 경주 최 부잣집의 '내림 백김치'로 잘 알려져 있고 경상도 안동 제사음식에도 들어간다.

사연지라는 이름에는 특별한 유래가 있는데, 300년 가까이 12대에 걸쳐 부를 이어온 영남 일대의 만 석꾼 집안인 최 부잣집은 가훈이 '과객을 후하게 대접하라.'였을 만큼 손님들을 즐겨 받았다. 그러다 보니 빼어난 음식 맛으로 소문이 났다. 경주 교촌지역에 음식점을 연 것도 그 같은 연유 때문이다. 최 부잣집 한정식은 육장, 집장, 멸장, 사연지, 육포 등 20여 가지 반찬을 기본으로 구성된다. 배추백 김치와 비슷한 사연지는 만드는 과정이 너무 까다로워 최 부잣집에 갓 시집온 며느리들이 무명옷을 입고 삼 년 동안 이 김치만 담근다고 해서 '사연이 많은 김치'라고 일컬어졌고, 이것이 '사연지'라고 부르는 연유가 됐다고 한다.

❀ 재료 및 분량

배추 1포기, 무 1/2개, 조기 2마리, 깐 밤 6개, 미나리 10g, 실파 5뿌리, 청각·석이 버섯·다시마·실고추 5g씩, 생멸치액젓 1컵, 생강 2쪽, 다진 마늘·참깨 2큰술씩, 다진 생강·검은깨 1큰술씩, 소금 1컵, 후 춧가루 약간

❀ 조리방법

1 배추는 4등분하여 소금에 절인 후 씻어 물기를 뺀다.

2 무는 5×0.2×0.2cm로 곱게 채썰고 밤, 석이버섯, 마늘, 생강도 같은 굵기로 채썰고, 미나리, 실파, 청각은 2cm 길이로 썬다.

3 조기는 비늘을 벗기고 씻어 소금을 뿌려 실고추로 색을 낸 후, 다진 마늘, 다 진 생강, 참깨, 검은깨를 넣고 버무린다.

4 다시마로 육수를 내어 체에 걸러 실고추, 멸치액젓, 다진 생강, 다진 마늘, 참 깨, 후춧가루를 넣고 고루 섞는다.

5 2, 3, 4를 섞는다.

6 1의 배추를 5의 양념으로 버무린 후 배춧잎 사이사이에 김치 속을 고르게 채 워 넣는다.

7 무는 3×4×0.5cm 정도로 썰어 1시간 정도 소금으로 절인 후 물기를 뺀다.

8 7의 무에 통깨, 멸치액젓, 다진 마늘, 다진 생강을 넣어 버무린 후 6의 배추김 치와 항아리에 켜켜이 담는다.

무밥——•

무밥은 쌀이 귀하여 배고프고 힘들었던 시절, 무가 가장 맛있는 가을과 겨울에 밥의 양을 늘리기 위해 무를 채썰어 쌀과 같이 밥을 짓던 것에서 유래되었다.

무의 재배 역사는 오래되었으나 우리나라에 무에 관한 기록이 있는 것은 1200년대이다. 이규보(李奎報)의 《동국이상국집》의 가포육영(家圃六詠)이라는 시에 "순무를 소금에 절여 겨울철에 대비한다."는 구절과, 《동문선》 백문보(白文寶)의 오언고시(五言古詩)에 "무는 담박한 것, 나무뿌리 참으로 먹을 만하여라."라는 구절에서 알 수 있다.

본래의 무맛은 매운 것이었다 하나 이상의 시구로 미루어볼 때, 이미 고려시대의 무는 맛이 순해진 개량종임을 알 수 있다. 따라서 무밥은 이처럼 무가 우리의 입맛에 맞게 개량된 뒤의 음식이 아닌가 한다. 무밥은 주로 경상도지방의 주식으로 이용되고 있는데 경상도 지방에서는 섣달 그믐날 먹는 생무가 산삼과 같고, 이때 무를 먹으면 부스럼이 없어진다고 믿는 풍속 등이 있다. 무밥은 뜨거울 때 참기름 양념장에 비벼 먹어야 제 맛이 나며, 무에 수분이 많으므로 밥을 지을 때는 물을 평상시보다 적게 넣어야 한다.

❀ 재료 및 분량

쌀 2컵, 무 2/3개, 물 2컵, 소금 1큰술

양념장 간장 4큰술, 다진 파 1큰술, 다진 마늘 1/2큰술, 깨소금 1큰술, 참기름 1/2 큰술, 고춧가루 1작은술

❀ 조리방법

1 무는 깨끗이 씻어 굵게 채썬다(5×0.3×0.3cm).

2 쌀을 씻어 일어서 냄비에 앉히고 물을 부어 준비한 무를 얹은 다음 보통 밥과 같이 지어 뜸을 들이고 무가 고루 섞이도록 잘 섞어서 푼다.

3 양념장을 만들어 곁들인다.

전라도

죽순들깨나물
홍어삼합
낙지호롱찜
장뚱어탕
돌산 갓김치
떡갈비
톳두부무침
꼬막무침
육회비빔밥
백합죽
바지락회무침
깻잎장아찌
매생이국
가지김치

전라도는 전주와 나주의 앞글자를 따서 만든 지명이다. 전라북도는 국내 유수의 곡창지대로, 만경강과 동진강 유역에 펼쳐지는 호남평야는 백제시대에 이미 벽골제가 구축되었을 정도로 예부터 국가적으로 중요한 요충지였고 전라남도는 바다를 접하고 있어 해초, 미역, 김 등의 해조류뿐만 아니라 풍부한 수산물을 얻을 수 있었다. 그밖에도 생강, 감, 유자 등의 특산물이 있다.

전라도지방은 전주와 광주를 중심으로 음식문화가 발달하였으며, 음식이 사치스럽고 먹거리가 풍부하다. 예로부터 고을마다 부유한 토반들이 살면서 집안 대대로 전수되는 맛으로 소문이 나 있어 다른 지방이 따를 수 없는 풍류와 맛의 전통을 지니고 있다.

전라도의 지형은 동고서저와 북고남저의 계단식을 이루고 있어서 노령산맥과 소백산맥 사이에 있는 고원과 분지에서 인삼, 고추를 비롯한 밭작물과 고랭지 채소가 산출되고 산수유, 오미자, 당귀 등의 약초와 원추리, 고사리 등의 산나물과 버섯류가 다양하게 생산된다. 전라도는 땅과 바다, 산에서 산물이 고루 나고 많은 편이어서 재료가 아주 다양하고 음식에 특히 정성을 많이 들인다. 특히 전주, 광주, 해남은 부유한 토반(土班)이 많아 가문에 좋은 음식이 대대로 전수되는 풍류와 맛의 고장이다. 기후가 따뜻하여 음식의 간이 센 편이고 젓갈류와 고춧가루와 양념을 많이 넣는 편이어서 음식이 자극적이며 발효 음식이 아주 많다. 김치와 젓갈이 수십 가지이고, 고추장을 비롯한 장류도 발달했으며, 장아찌류도 많다. 전라도에서는 김치 재료로 무, 배추뿐 아니라 갓, 파, 고들빼기, 검들, 무청 등으로도 김치를 담근다. 다른 지방에 비하여 젓갈과 고춧가루를 듬뿍 넣는데 전라도 고추는 매우면서도 단맛이 나며, 추자도 멸치젓, 낙월도 백하젓, 함평 병어젓, 고흥 진석화젓, 여수 전어밤젓, 영암 모치젓, 강진 꼴뚜기젓, 무안 송어젓, 옥구의 새우알젓, 부안의 고개미젓, 뱅어젓, 토화젓, 참게장, 갈치속젓 등이 있고 멸치젓, 황석어젓, 갈치속젓 등의 젓갈을 김치에 넣는다. 김치는 돌로 만든 학독에, 불린 고추와 양념을 으깨고 젓갈과 식은 밥이나 찹쌀풀을 넣고 걸쭉하게 만들어 절인 채소를 한데 넣고 버무린다.

예로부터 순창 지역의 유명한 고추장은 나주에서는 직접 집장으로 담그고 장아찌는 고추장, 된장, 간장(진간장) 등에 무, 울외, 더덕, 우엉, 도라지, 배추꼬랭이, 감, 고들빼기, 마늘, 고춧잎 등의 채소를 박아 담그며, 참게장은 간장(진간장)을 부어 담근다.

주식으로 다양한 잡곡밥과 흰밥 외에도 깨죽, 오누이죽, 대합죽, 피문어죽, 합자죽 등이 있고 해물을 이용한 요리로는 장어구이, 추어탕, 용봉탕, 홍어회, 산낙지회, 전어회, 붕어조림, 꼬막무침, 상어찜, 낙지호롱, 유곽 등이 있는데 특이한 향미의 발효시킨 홍어는 귀한 손님상에 낸다. 채소를 이용한 요리로는 토란탕, 머위깨즙나물, 죽순채, 두루치기, 겨자잡채, 죽순찜, 양애적, 장떡 등이 있고, 떡은 모시풀편, 나복병, 수리취떡, 호박고지떡, 감인절미, 감단자, 차조기떡, 전주 경단, 복령떡 등이 있으며, 후식류로는 동아정과, 고구마엿, 유과 등이 있다.

또한 부각(자반)을 만들어 먹었는데 가죽나무 연한 잎을 모아 고추장을 탄 찹쌀풀을 발라서 가죽자반을 하고, 김, 깻잎, 깻송이, 동백잎, 국화잎 등은 찹쌀풀을 발라서 말리고, 다시마는 찹쌀 밥풀을 붙여서 말린다.

전주는 조선왕조 전주 이씨(李氏)의 본관이고 특히 사골 육수로 지은 밥에 육회, 청포묵, 콩나물을 비롯한 여러 가지 채소를 얹고 지장수로 기른 콩나물국과 함께 내는 전주비빔밥은 세계적으로 유명하다. 예부터 '완산팔미'라 하여 서남당골에서 나는 감, 기린봉의 열무, 오목대의 청포묵, 소양의 담배, 전주천의 모래무지, 한내의 게, 사정골의 콩나물, 서원 너머의 미나리가 유명하다. 전주콩나물국밥은 콩나물국에 밥을 넣고 끓여 새우젓으로 간을 맞춘 뜨거운 국밥으로 이른 아침 해장국으로 인기가 있다.

별미음식으로는 대합조개와 모시조개 등 조갯살로 맑은 장국을 끓이다가 쌀을 넣고 쑨 합자죽과 3년 이상 자란 왕대의 대통을 마디마디 잘라 그 속에 불린 잡곡을 넣고 쪄내는 영양밥인 담양대통밥이 유명하다. 조선시대 장흥지방의 진상품이었던 매생이는 얕은 바닷가에 자생하는 갈조류로 파래와 비슷하나 발이 훨씬 가늘고 부드럽다. 오래 가열하면 녹아 물처럼 되기 때문에 굴을 넣고 약한 불에서 잠깐 끓인 매생이죽도 별미중 하나이다.

그외에도 전라도의 향토음식으로는 담양대통밥, 콩나물국밥, 팥죽, 대합조개만두, 파만두 등이 있고, 찬류로는 남원추어탕, 용봉탕, 천어탕, 죽순탕, 갈낙탕, 낙지연포탕, 선짓국, 꽃게탕, 순천장뚱어탕, 매생이국, 머위들깨탕, 꽃게장, 세발낙지회, 광주애저찜, 죽순채, 죽순찜, 홍어찜, 낙지호롱, 붕어조림, 꼬막무침, 홍어회, 미나리강회, 산낙지회, 죽순회, 콩나물잡채, 머위나물, 영광굴비구이, 풍천장어구이, 김부각, 가죽나무잎부각, 들깨꽃부각, 고춧잎자반, 순창고추장, 나주집장, 토하젓, 각종 젓갈류, 영암어란, 순창고추장 등이 있다.

다양한 김치류가 발달되었는데 돌산갓김치, 굴깍두기, 고들빼기김치, 나주반지 등이 유명하며 감장아찌, 양하장아찌도 즐겨 먹는다. 후식류로는 부꾸미, 나복병, 감인절미, 감고지떡, 연근정과, 생강정과, 동아정과, 유과, 산자, 고구마엿 등이 있으며 음청류로는 곶감수정과, 유자화채 등이 있다.

1) 전라북도 축제 목록

지역	축제명	개최시기	주요 내용	주최/주관
고창군	수산물 축제	9월	풍어제, 갯벌풍천장어 잡기대회, 바지락캐기, 바지락까기대회, 줄다리기, 수산물요리품평회	수산물축제위/(사)한국수산업경영인연합회등
군산시	주꾸미 축제	3월	주꾸미 요리대회, 노래자랑, 풍물패 공연, 각종 공연 등	군산시
김제시	김제 지평선 축제	10월	농경문화체험행사, 벽골제사, 쌍용놀이, 입석줄다리기, 농경문화특별전시관, 농경문화 체험 행사 등	김제시/김제지평선축제제전위원회
	하소 백련 축제	6월	백련꽃 굴락지 관람, 복사꽃아가씨선발대회, 연꽃전시 등 전시행사, 특화상품판촉행사	청운사
남원시	춘향제	5월	춘향선발대회, 춘향제향, 춘향국악대전, 춘향그네뛰기, 춘향일대 재현, 전통목공예축제 등	(사)춘향문화 선양회/춘향제전위원회
	흥부제	10월	고유제, 흥부사랑백일장, 현대판 놀부전, 흥부놀부와 한컷, 흥부골길놀이, 창극 흥부가, 흥부박축제, 도예전시 및 시연 등	흥부제전위원회
	삼동굿놀이	8월	당산제, 샘굿, 삼동서기, 지네밟기, 합굿	삼동굿보존위원회
	바래봉 철쭉제	4월~5월	바래봉 산신제, 터울림농악, 품바공연, 지리산 야생화 전시, 향토 먹거리 장터개설 등	운봉애향회, 운봉읍사무소
	고로쇠 약수제	2월~3월	약수풍년산신제, 지리산뱀사골 걷기대회, 고로쇠 먹고 고함 지르기, 지리산 나물판매 등	산내면번영회, 산내면사무소
무주군	무주 반딧불 축제	6월	반딧불이신비탐사, 학술행사, 환경행사, 민속행사, 문화예술행사, 체험(참여)행사, 상설행사 등	무주군/무주반딧불축제제전위원회
부안군	부안 예술제	10월	매창시,가곡발표회, 부안풍물시화전시, 아름다운변산의풍경전, 각종 노래 대회 등	한국예총 부안지부
순창군	순창 민속 예술제	11월	민속예술·민속놀이 경연 대회, 무대공연	순창군/순창문화원
완주군	완주 대둔산 축제	10월	대둔산가요제, 곶감깍기대회, 전통국악 공연, 난타공연 등	완주군/대둔산축제제전위원회
익산시	마한민속 예술제 (서동문화제)	10월	서동선화혼례식, 무왕 즉위식, 한일민속음악협연, 사랑의 콘서트, 서동인형극, 해외 민속공연 등	익산시/마한민속예술제전위원회
	보석 문화 축제	10월	해외바이어 초청 무역 상담, 미술과 보석의 만남, 보석 가공 시연 및 체험 등	이리귀금속보석가공업협동조합
	돌문화 축제	10월	돌조각 경기대회, 돌다루기 재연, 아사달의 혼을 찾아서, 한국돌문화전, 석공예품 전시,	전국돌문화축제위원회
임실군	의견 문화제	4월	전국경견대회, 도그댄스, 최고명견선발, 미스·미스터 도그선발대회, 도그 디자인컨테스트, 애견패션쇼, 장기자랑, 도그 스포츠	임실군/(사)의견문화전승회
	소충사선 문화제	10월	무사고기원길놀이, 전국농악, 궁도대회, 전국시조경창, 향토음식경연, 소충사선 가요제, 국악한마당 등	임실군/소충사선 문화제전위원회

(계속)

지역	축제명	개최시기	주요 내용	주최/주관
장수군	의암주 논개 대축제	10월	전시체험행사, 주논개선발, 한시백일장, 농악시연, 제례봉행, 주논개충절 마라톤 등	장수군/(사)의암주논개정신 선양회
전주시	전주 국제영화제	4월 또는 5월	영화상영, 심포지움, 세미나	전주시/조직위
	전주 약령시 제전 행사	10월	한방관련 전시 및 진료 판매 및 약령 가용제	전주시/제전위원회
	전주 종이 문화 축제	5월	종이에 어린 흥망 성쇠 학술대회, 특별기획 및 전시, 종이의 멋	전주종이문화축제 조직위원회
	전주 풍남제	4월~5월	풍물장터, 풍류 및 마당무대, 전라도장인관–무형문화재 민속놀이마당, 비빔밥 음식관, 비빔밥 자료관	전주시/풍남제전위원회
	전주 대사습놀이 전국대회	5월	판소리명창부, 농악부, 민요부, 무용부, 기악부, 판소리일반부, 가야금 병창부, 시조부, 궁도부	전주시/(사)전주대사습놀이보존회
정읍시	동학농민혁명 기념제	5월	참배, 기념제, 향토현재 헌굿, 무주고혼천도제, 정읍녹두큰잔치 등	(사)갑오농민혁명계승사업회
	정읍사 문화제 행사	10월	채수의례, 정읍사 여인제례, 달맞이행사 등	(사)정읍사문화제제전위원회
	전국 민속 투우 축제	5월	전국투우대회, 투우캐릭터 공연, 품바공연, 전통민속 놀이, 농축산물전시판매 등	(사)정읍민속투우협회
진안군	마이산 벚꽃 축제	4월	금척무공연, 전라좌도 진안 물굿공연, 원앙부부 시상, 전통혼례 시연, 산악 마라톤, 벚꽃축제 등	진안군/진안문화원
	마이 문화제	10월	마이산신제 봉행, 금척무 공연, 진안풍물굿 경연대회, 마이백일장, 향토농특산품 전시판매장 등	

2) 전라북도 향토음식 농가 맛집

농가 맛집	특징	주소	연락처	대표메뉴
달오름 마을	전래동화를 테마로한 흥부잔치밥상	남원시 인월면 인월서길 42	062–625–2231	흥부잔치밥
마당 너른집	둘레길에 퍼진 구수한맛	남원시 인월면 달오름길 22–5	070–7755–2747	산채나물밥, 흑돼지보쌈
선비향	바른 먹거리 체험으로 맛보는 선비밥상	정읍시 산내면 청정로 1694	063–538–1357	선비일품밥상, 신비이품밥상
용기장어	장어로 유명한 용기마을의 기운찬맛	고창군 심원면 용기 3길 46	063–561–5460	소금장어구이, 양념장어구이
장구목	꽃내음 가득한 용골산의 산양초밥상	순창군 동계면 장군목길 706–4	063–653–3917	산소리, 물소리 자연밥상, 매운탕
장수밥상	장수를 위한 건강밥상	장수군 선서면 용암길 65	063–351–3724	시래기음식, 수수경단, 쑥개떡
칠연식당	덕유산의 정기 가득한 한방 건강밥상	무주군 안성면 칠연로 523	063–323–1881	천마한방오리백숙, 천마토끼금탕

3) 전라남도 축제 목록

지역	축제명	개최시기	주요 내용	주최/주관
목포시	유달산 꽃축제	4월	노적봉 강강술래, 꽃향기 따라걷기, 꽃종을 울려라, 꽃길 마라톤, 역사의거리 공연여행, 4.8만 세운동 재현행사 등	목포시
	목포 해양문화 축제	7월~8월	해상카니발, 바다분수해상불꽃쇼, 전통문화체험행사, 콘서트, 청소년문화, 비보이페스티벌 등	목포시/목포시축제추진위원회
여수시	향일암 일출제	1월 1일	길놀이, 모듬북공연, 일출가요제, 제야의종타종, 신년맞이 불꽃놀이, 일출기원 제례 등	축제추진위원회
	영취산 진달래 축제	4월	길놀이, 산신제, 가족등산 대회, 홍교밟기, 진달래 사진전, 진달래전 체험 등	축제보존회
	남해안 생선 요리 축제	5월	치어방류행사, 생선요리 시식회, 패류 속 진주 찾기, 생선회 썰기 등	음식업지부
	진남제	5월	고유제, 가장행렬, 수륙대제, 용줄다리기, 거북선문화 체험한마당, 선소축제, 노젓기 체험 등	(사)진남제전보존회
순천시	낙안 민속 문화 축제	5월	비나리제/솟대세우기, 군수부임행렬, 송사재현극, 낙안큰줄다리기, 풍물놀이, 직물공예 등 민속놀이	낙안읍성보존회
	팔마 문화제	10월	팔마고수대회, 국악한마당, 백일장, 전시회, 연주회, 기타 각종 문화예술행사	순천시
	남도 음식 문화 큰잔치	10월	남도음식 전시, 판매, 시연, 경연 대회, 대학생 풍물놀이 한마당, 시민노래자랑, 관광객 장기자랑 등	전라남도/순천시
나주시	영산강 역사 문화 축제	10월	영산강홍어 젓갈배 맞이, 나주동서부 줄다리기, 역사맞이 굿반남고분군 퍼포먼스, 솟대세우기 등	나주시/나주시의회
광양시	광양 매화 축제	3월	전국매화사진 촬영대회, 매화사생대회, 매화꽃길 작은음악회 등	광양시
	광양 숯불구이 축제	3월	광양버꾸놀이공연, 맛자랑 멋자랑 경연, 청소년 어울 마당 등	
	광양 전어 축제	9월	전어잡이노래 공연, 선악퍼레이드, 전어요리 공연, 국악·노래공연 등	
	백운산 약수제	3월	기념식, 약수제례, 농악놀이, 약수시음, 특산품 판매장운영	
화순군	화순 고인돌 축제	4월	고인돌 축조 및 제사장 집전 재현, 선사체험 글쓰기 및 그림그리기, 선사체험 경연, 선사생활상 체험관	화순군
	화순 운주 축제	10월	길놀이, 소망기달기전, 삼보일배, 학술세미나, 도암집짓기놀이, 운주사초막복원 등	도암번영회
장흥군	제암 철쭉제	5월	철쭉제례, 가족등반대회, 선아선비 선발, 소망리본달기 등	장흥군/제암산악회
	키조개 축제	5월	초청가수 공연, 불꽃놀이, 경비행기 축하비행 등	장흥군
	갯장어 음식 대축제	7월	개막식, 불꽃놀이, 초청가수 공연, 체험어장	장흥군/장환어촌계

(계속)

지역	축제명	개최시기	주요 내용	주최/주관
장흥군	천관산 억새제	10월	억새제례, 억새아가씨선발, 풍물한마당, 백두대간걷기	장흥산악회
	개매기 체험	5월~10월	개매기체험, 갯벌체험, 갯벌썰매장 등	장흥군/신리어촌계
강진군	강진 청자 문화제	7월~8월	고려전통생활상 체험, 청자모자이크 체험, 청자빚기체험, 청자공모전, 청자학 술세미나	강진군
해남군	땅끝해넘이 해맞이 축제	1월 1일	소원기세우기, 땅끝아울무대, 강강술래, 달집태우기, 불꽃놀이, 인정나누기, 소망기원제, 띠뱃놀이, 소망풍선날리기	해남군
	고천암 갈대 축제	11월	인라인 마라톤, 건강걷기, 자전거하이킹,생태기원굿, 갈대공예, 고천암 생태탐사, 환경먹거리 전시등	고천암 생태 공원추진본부
	대흥사 단풍축제	11월	단풍체험 건강걷기, 단풍분재전, 고구마빨리 깎기, 단풍페이스페이팅, 향토 음식점, 해남특산품 코너	삼산면/대흥사상가번영회
영암군	영암 왕인 문화 축제	4월	왕인박사춘향대제, 왕인박사 일본가오, 솟대-하늘의 교신, 배움의 등 달기, 구림에서 아스카로 부는 바람, 민속공연 등	영암군
무안군	무안 백련 대축제	8월	연꽃수궁전, 연꽃가요제 농경문화체험, 연의효능 및 다도체험,	무안군
함평군	함평 나비 대축제	5월	나비관, 수련전시관, 전통짚공예체험, 나비도예체험, 생활유물전시, 민속 행사 등	함평군
	대한민국 국향대전	10월~11월	국화전시, 국화경연대회, 국화작품전시	함평군/함평군 축제추진위원회
영광군	법성포 단오제	6월	연날리기, 씨름, 사생대회, 단오민속놀이, 굴비홍보 도우미 선발 행사 등	영광군
장성군	장성 홍길동 축제	5월	홍길동 선발대회, 활빈당퍼포먼스, 율도국 퍼포먼스, 홍길동 자료전시	장성군
	장성 백양 단풍 축제	10월	전국단풍등산대회, 단풍나무분재전, 단풍분장콘테스트, 장성곶감깎기체험	
완도군	완도 장보고 축제	4월~5월	청해진사람들과 만남, 청해진 유람선 승선체험, 전국청소년 장보고 및 해양역사캠프 등	완도군
진도군	진도신비의 바닷길 – 영등축제	5월	영등살놀이, 개매기, 조개잡이 체험, 신비의 바닷길걷기, 진도개 묘기자랑 , 모세의기적 성전재현	진도군
신안군	임자 모래 체험축제	7월	모래조각전 외 11종 어구 및 곤충전시회, 개펄체험 등	신안군
담양군	대나무축제	5월	전통 대통술 담그기, 대나무 밀랍 만들기, 대나무 활쏘기, 대나무 그림 전시회, 죽세공예품 전시, 죽제품경진대회, 남녀 죽검대회, 대(竹) 피리경연 등	담양군

(계속)

지역	축제명	개최시기	주요 내용	주최/주관
담양군	고서 포도 축제	격년 8월	포도 빨리먹기 대회, 와인담그기 시연, 포도나무 소망쪽지 태우기, 포도 품평회 등	고서 포도축제 추진위원회
	창평 전통음식 축제	10월	창평농산물판매코너, 한과빨리먹기, 숨은엿찾기, 전통무료떡시식, 전통음식판매 등	창평 전통음식축제 추진위원회
곡성군	곡성 심청 축제	10월	심청학술대회, 공양미 삼백석모으기, 효녀심청 선발대회, 농특산품 전시 판매 등	곡성군
	명장 목화 축제	8월	목화가요제, 목화길건강 달리기, 목화전시 및 판매 및 기타 면민 행사 등	겸면 청년회
	석곡 코스모스 음악회	9월	코스모스가요제, 짚풀공예,돌실라이,경판, 다슬기잡기 체험행사, 흑돼지시식 등	석곡 코스모스음악회 추진위원회
구례군	산수유 꽃축제	3월	사진촬영,삼림욕장걷기, 산수유꽃도자기 제작 시연 및 체험, 산수유묘목심기,지리산야생화 전시 및 작품만들기, 산수유차(술) 무료시음,	구례군
	지리산 피아골 단풍제	10월	단풍길걷기, 단풍제례, 농업박물관, 지리산 등산체험, 사생대회, 축하공연, 노래자랑 등	
고흥군	우주 항공 축제	4월	공식행사, 참여행사, 전시행사, 부대행사	고흥군
보성군	보성다향제	5월	다신제, 차 아가씨선발, 차잎따기, 차만들기, 차문화강좌, 다향백일장, 들차회표현, 철쭉제례 및 기타 행사	보성군
	보성 소리 축제	10월	국악가요제, 국악마당, 판소리경연, 명창무대, 팔도소리 어울마당, "득음의 길" 판소리, 완창 발표회 등	

4) 전라남도 향토음식 농가 맛집

농가 맛집	특징	주소	연락처	대표메뉴
꽃피는 무화 家	무화과가 어우러진 신안 앞바다의 맛	신안군 압해읍 압해로 393-2	061-271-5552	전복해초돌솥밥, 무화과돼지불고기
더디믄	특산물로 정성스럽게 차린 영광밥상	영광군 영광읍 물무로 94-1	061-353-6698	더디믄찰보리밥상
매화랑 매실이랑	건강열매, 매실로 차려낸 자연 상차림	광양시 옥룡면 백계로 318-13	061-762-1330	매향정식, 산야초나물밥
보자기	맛 정을 담은 곰보배추 한보따리	담양군 대전면 신룡길 73	061-382-5525	곰보배추 우렁이쌈밥
운림예술촌 수라간	진도의 특산물과 향토음식을 맛볼 수 있는 곳	진도군 의신면 의신사천길 26	061-543-5889	산채정식, 가시리국
차향머문 보성예가	차분하게 즐기는 녹차의 진미	보성군 회천면 장목길 43	061-852-8259	차향정식, 예가정식, 녹차비빔밥

죽순들깨나물—❀

대나무의 새순인 죽순은 풍부한 영양성분이 많이 들어 있어 요리에 많이 활용되고 있다. 죽순은 순(笋), 죽태(竹胎), 죽자(竹子), 탁룡(籜龍), 죽아(竹芽), 죽손(竹孫), 용손(龍孫), 초황(初篁) 등으로도 말한다. 한 달을 초순·중순·하순으로 열흘씩 묶어 순(旬)으로 표시하는데 대나무순을 죽순(竹筍)이라 하는 것은 싹이 나와서 열흘일(순)이면 대나무로 자라기 때문에 빨리 먹어야 된다고 하여 붙여진 이름이다. 죽순이 하루에 120cm씩 자라는 놀라운 성장 속도를 표현한 이름이다. 어린 죽순은 독특한 맛과 식감을 지니는데 반해, 완전히 자란 것은 맛이 거의 없다. 죽순은 자라나는 속도가 빠르고, 선도가 쉽게 떨어지므로 제철인 봄에 채취한 뒤 바로 통조림을 만든다. 보통 80%가 통조림으로 생산되고 있다.

❀ 재료 및 분량

죽순 200g(1개), 물 2컵, 들깻가루 2큰술, 다진 마늘 1큰술, 국간장 1큰술, 들기름 2작은술, 소금 약간

❀ 조리방법

1 죽순은 껍질을 벗긴 후 삶아 먹기 좋은 크기로 찢는다.

2 냄비에 물을 붓고 들깻가루를 푼 다음 죽순을 넣고 끓인다.

3 죽순이 알맞게 물러지면 다진 마늘을 넣고 국간장과 소금으로 간을 맞춘 후 들기름을 넣는다.

홍어삼합 ──✽

홍어는 가오리 과에 속하는 물고기로 전남 흑산도에서 잡히는 홍어가 가장 유명하다. 삭혀서 막걸리와 함께 먹는 홍탁은 유명한 별미음식이다. 홍어는 동지가 지나면서 잡히는데 입춘 전후가 가장 제맛이 나며, 전라도에서는 홍어를 재료로 한 음식의 종류가 많다. 홍어회는 싱싱한 홍어로 껍질을 벗긴 후 잘 씻어 막걸리에 2시간 정도 담그거나 잘 빨아 물기를 빼고 갖은 양념과 파, 당근, 도라지를 넣어 무쳐주면 새콤달콤하면서도 얼큰한 홍어회가 된다.

가오리나 홍어를 볏짚, 톱밥을 섞어 가마니에 넣고 숙성시키게 되면 미생물의 작용으로 인해 자극적인 풍미를 내는데 그 이유는 공기 중의 요소와 트리메틸아민 옥시드가 미생물에 의해 분해되어 암모니아와 트리메틸아민으로 바뀌기 때문이다. 홍어는 호불호가 뚜렷한 식품으로 식성에 따라서 이러한 자극적인 맛을 좋아하는 이도 있고 냄새만으로 싫어하는 사람도 있다.

삼합에 사용하는 돼지고기는 돼지기름(비계)과 살이 적당히 섞인 것이 좋으며, 기름의 고소함과 살코기의 부드러움이 어우러져 삼합의 맛이 나게 된다.

❀ 재료 및 분량

삭힌 홍어 300g, 돼지고기 300g, 묵은 김치 300g, 된장 1큰술, 물 적당량

❀ 조리방법

1 삭힌 홍어는 손질하여 면포로 물기를 닦아 내고 먹기 좋은 크기로 썰어 그릇에 담는다.

2 돼지고기는 조리용 실로 묶어 된장 1큰술과 물을 충분히 부어 90분 정도 푹 삶는다.

3 삶은 돼지고기는 먹기 좋은 크기로 얇게 썰어서 그릇에 담는다.

4 묵은 김치도 적당한 크기로 썰고 그릇에 담아 홍어와 돼지고기 삶은 것과 함께 낸다.

낙지호롱찜──❀

예로부터 '더위를 먹은 소가 쓰러졌을 때 낙지를 두세 마리 먹이면 벌떡 일어선다.'라는 말이 있을 정도로 낙지는 피로 회복에 좋은 음식으로 알려져 있다. 세발낙지는 발이 가늘다는 의미로 덜 자란 낙지 새끼를 지칭하며, 세발낙지로 유명한 곳은 영암군의 갯벌이다. 낙지호롱찜을 만들기 위해서는 먼저 낙지의 머리에 들어 있는 내장을 꺼내서 먹통을 제거하고 소금으로 박박 주물러 씻는다. 손질한 낙지 머리를 볏짚이나 젓가락에 끼워 다리를 가지런히 말아 내리고, 찜통에 알맞게 쪄 낸다.

✿ 재료 및 분량

낙지 1마리, 실고추 약간, 소금 약간, 참기름 약간, 통깨 약간

양념 붉은 고추·대파·다진 마늘·참기름·통깨 적당량

✿ 조리방법

1 낙지는 소금을 넣어 주무른 다음 물에 깨끗이 씻어 둔다.
2 붉은 고추와 대파는 다지고 다진 마늘, 참기름, 통깨와 섞어 양념을 만든다.
3 낙지를 준비한 양념에 버무린다.
4 낙지머리에 볏짚을 끼운 후 다리로 짚을 감아 둔다.
5 볏짚에 말아 둔 낙지를 찜통에 넣고 찐다.
6 다 쪄지면 낙지를 접시에 담고 실고추, 참기름, 통깨를 뿌린다.

장뚱어탕 — ❀
순천장뚱어탕

장뚱어는 주로 청정 갯벌에서만 사는데 주변 소음에 쉽게 반응하기 때문에 주로 훌치기 낚시로 잡는다. 장뚱어는 힘이 세고 잡은 후에도 쉽게 죽지 않는 강한 생명력 때문에 예전부터 보양식으로 이용되어 왔으며, 주로 여름철에 먹는데 제철에 나는 채소 등과 함께 끓여 먹으면 입맛을 돋워 준다. 큰 장뚱어는 물에 삶은 후 살을 발라내고 뼈는 갈아 체에 밭쳐서 부드럽게 하여 기호에 따라 초피가루를 넣으면 비린내가 적게 난다.

❀ 재료 및 분량

장뚱어 1kg, 무청시래기 300g, 애호박 100g(1/4개), 대파 35g(1뿌리), 풋고추 15g(1개), 붉은 고추 15g(1개), 된장 3큰술, 국간장 3큰술, 다진 마늘 1큰술, 다진 생강 1작은술, 물 적당량, 소금 약간

❀ 조리방법

1 장뚱어는 내장을 제거하고 씻어 통째로 물을 넣고 삶는다.

2 무청시래기는 삶아서 물기를 꼭 짜고 5cm 길이로 썰어 놓는다.

3 애호박을 반을 갈라 납작하게 썰고, 대파는 반으로 갈라 5cm 정도로 썬다.

4 풋고추는 씨를 제거하여 다지고, 붉은 고추는 씨를 뺀 후 잘게 썰어 분쇄기에 물을 넣고 간다.

5 1에 된장을 풀고 갈아 놓은 붉은 고추를 넣는다.

6 준비해 놓은 무청시래기, 애호박, 대파를 넣고 한소끔 끓인 다음 국간장, 다진 마늘, 다진 생강을 넣고 끓인다.

7 소금으로 간을 맞추고 그릇에 담아 풋고추 다진 것을 고명으로 얹는다.

돌산 갓김치──✻

돌산은 여수의 남쪽에 있는 섬으로, 따뜻한 해양성 기후와 비옥한 알칼리성 토질이 특징이다. 특히 이 지역에서 생산되는 갓의 질이 좋아서 여수 지역의 특산품으로 손꼽힌다. 갓의 씨앗은 겨자이고 한해살이 풀로 특유의 매운맛과 향이 난다.

✿ 재료 및 분량

돌산 갓 1단, 당근 40g(1/4개), 실파 20g, 밤 3개, 실고추 약간, 마른고추 300g, 멸치젓 1/2컵, 새우젓 1/2컵, 물 1컵, 찹쌀가루 1큰술, 들깻가루 1큰술, 양파 1/2개, 마늘 5개, 생강 한 쪽

✿ 조리방법

1 돌산 갓은 다듬어 깨끗이 씻고 소금에 1~2시간 절인 뒤 물기를 뺀다.

2 당근은 곱게 채썰고, 실파는 송송 썬다.

3 밤은 곱게 채썰고, 실고추는 5cm 길이로 썰어 놓는다.

4 마른 고추, 양파, 마늘, 생강은 분쇄기에 넣고 간다.

5 찹쌀가루와 들깻가루에 물을 넣고 끓여 죽을 쑨 다음 **2**와 멸치젓, 새우젓을 넣고 섞어 양념을 준비한다.

6 **1**의 돌산 갓에 **5**의 양념과 **2, 3**을 넣고 버무린다.

떡갈비

떡갈비라는 명칭은 갈빗살을 인절미처럼 네모지게 만들었다고 해서 붙여진 이름이다. '떡'과 '갈비'가 합쳐서 떡갈비가 된 것이다. 갈빗살을 다져 떡 모양으로 뭉쳐 숯불에 구운 것으로 먹기도 편하고 맛도 좋으며, 전통 한국음식인 섭산적의 원리를 응용하고 발전시킨 것이 떡갈비라 할 수 있다. 떡갈비는 혼합하는 재료에 따라 요리의 색다른 맛을 제공해 주며 육질을 곱게 다져서 노약자나 어린아이들도 부드럽게 먹을 수 있는 향토음식이다.

❀ 재료 및 분량

소갈비 800g, 잣 20알, 국간장 3큰술, 다진 파 1큰술, 다진 마늘 1큰술, 참기름 2큰술, 설탕 1큰술, 소금 약간

❀ 조리방법

1 소갈비를 적당한 크기로 토막 낸 후 기름기와 힘줄을 제거하고 찬물에 담가 핏물을 뺀 다음 씻어 건져 놓았다가 뼈와 살을 분리한다.

2 갈빗살을 곱게 다진다.

3 양념장을 만들어 다진 갈빗살에 넣고 잘 치대어 둥글게 모양을 만든다.

4 뼈 위에도 양념장을 발라 두고 양념한 갈빗살을 뼈에 붙여서 하루 정도 재워 둔다.

5 뜨겁게 달군 석쇠에 4의 떡갈비를 얹어 노릇하게 구워지면 남은 양념장을 발라 다시 약한 불에서 굽는다.

TIP 석쇠에 미리 식용유나 식초를 발라 두면 고기가 달라붙지 않는다.

톳두부무침—✽

톳은 남한의 연안에 분포하고 있으나 주생산지는 제주도와 남해안이다. 톳을 쪄서 말리는 가공공장도 제주도와 전라남도에 주로 분포하고 있으며, 가공된 톳은 주로 일본으로 수출된다. 옛날에는 구황용으로 곡식을 조금 섞어서 톳밥을 지어 먹었으며 최근 국내에서도 건강식품으로 각광받는 추세이다. 톳에는 칼슘, 요오드, 철 등의 무기염류가 많이 포함되어 있다

🏵 재료 및 분량

톳 200g, 두부 400g, 소금 2큰술

양념 참기름 2큰술, 다진 마늘 1.5큰술, 깨소금 1큰술, 소금 1/2큰술

🏵 조리방법

1 톳은 끓는 물에 소금을 넣고 살짝 데친다.

2 두부는 으깨고 데친 톳과 같이 정해진 분량의 양념을 넣고 버무린다.

꼬막무침──✤

"벌교에 가거든 주먹자랑을 하지 말아라."라는 말이 있다. 예부터 전라남도 보성군 벌교 사람들이 힘이 세다는 의미인데 이 말은 벌교의 특산물인 꼬막을 더욱 유명하게 만들었다. 꼬막을 즐긴다고 해서 힘이 세어지지는 않겠지만, 그만큼 단백질과 필수 아미노산이 골고루 들어 있는 건강식품이라는 것이다. 꼬막 중에서도 최고로 대접 받고 있는 벌교산 꼬막은 고흥반도와 여수반도가 감싸는 벌교 앞바다 여자만(汝自灣)에서 잡힌다. 이곳의 갯벌은 모래가 섞이지 않고 오염되지 않아서 꼬막 서식에 최적의 조건을 갖추었다. 2005년 해양수산부는 여자만 갯벌을 우리나라에서 상태가 가장 좋은 갯벌이라 발표한 바 있다.

✿ 재료 및 분량

꼬막 400g, 물 적량, 소금 약간

양념장 간장 2큰술, 고춧가루 1큰술, 다진 파 2큰술, 다진 마늘 1큰술, 다진 생강 1/2큰술, 설탕 1작은술, 참기름 약간, 통깨 약간, 실고추 약간

✿ 조리방법

1 꼬막은 깨끗이 문질러 씻은 후 소금물에 2시간 정도 담가 해감을 한다.

2 분량의 재료를 섞어 양념장을 준비한다.

3 꼬막을 끓는 물에 넣은 후 불을 줄이고 저어가며 껍데기가 벌어지기 전에 건져서 체에 밭친다.

4 꼬막 껍데기는 한쪽만 제거한 뒤 접시에 꼬막 살이 위로 향하게 가지런히 담는다.

5 꼬막 위에 정해진 분량의 양념장을 잘 섞어 조금씩 얹는다.

육회비빔밥——❀

비빔밥은 밥 위에 각종 나물을 넣어 비벼 먹는 음식으로 전국 어디서나 즐겨먹는 음식이다. 비빔밥에 각 지역 특산물이 재료로 사용되면서 비빔밥은 지역별로 지역의 특징을 살려 특색 있게 발전되었다.

문헌에 따르면 전주에서는 흉년으로 식량사정이 어려운 시기에도 매일 육회용으로 소 한 마리를 도살했을 정도로 육회를 즐겨 먹었다고 한다. 자연스럽게 비빔밥의 재료로 사용되었으며 다른 재료와도 잘 어울려 전주비빔밥의 핵심재료로 자리 잡게 되었다. 전주비빔밥의 또 다른 특징은 밥을 지을 때 쇠머리 끓인 물로 밥을 짓는 것인데, 쇠머리를 끓인 물로 밥을 지으면 밥알이 서로 달라붙지 않고 잘 떨어져 나물과 함께 비비면 골고루 잘 비벼지고 밥에서 윤기가 난다. 또 달걀노른자를 날것으로 올리고 콩나물국과 함께 먹는다.

🌸 재료 및 분량

쌀 840g(4공기), 쇠고기 200g, 달걀 200g(4개), 마늘 2알

양념장 고추장 4큰술, 고춧가루 1큰술, 다진 파 6큰술, 다진 마늘 3큰술, 참기름 약간, 깨소금 약간

🌸 조리방법

1 쇠고기는 결 반대 방향으로 얇게 저민 후 채썰어(5×0.2×0.2cm) 참기름, 깨소금으로 무친다.

2 마늘은 채썰어 놓는다.

3 달걀은 깨서 노른자만 담아 놓는다.

4 양념장을 만들어 놓는다.

5 밥 위에 양념한 육회 쇠고기를 담고 가운데에 달걀 노른자를 놓는다.

6 노른자 위에 채썬 마늘을 얹고 양념장과 함께 낸다.

백합죽—❀

백합죽은 부안군의 향토음식으로 계화도의 쌀과 백합으로 만든다. 고소하며 담백한 맛을 내며 주로 7~9월에 많이 먹는다. 백합은 조선시대 임금님께 올린 진상품 중 하나로 철분이 많아 빈혈에 좋고, 노화방지, 원기회복, 숙취해소에 효과가 있다. 기호에 따라 황백지단, 김 등을 올리기도 한다.

❀ 재료 및 분량

백합 150g(3마리), 쌀 360g(2컵), 물 2L(10컵), 참기름 4큰술, 소금 약간

❀ 조리방법

1 백합은 칼로 껍데기를 벌려 깐 후 살만 도려내어 살살 씻어 놓고, 쌀은 씻은 다음 30분간 물에 불린다.

2 얇게 저민 백합살에 참기름 1큰술을 넣고, 불린 쌀에 나머지 참기름을 넣어 볶는다.

3 백합살 볶은 것과 쌀 볶은 것을 냄비에 넣고 물을 부어 중간 불에서 끓인다.

4 죽이 다 끓으면 소금으로 간을 맞춘다.

바지락회무침——✿

우리나라에서 가장 대표적인 패류로 바지락을 꼽을 만큼 생산량이 많고 맛 또한 좋다. 모시조개, 바지락, 황합, 소합이라고도 하며, 마산, 진해 등지에선 소합, 황해도 등지에선 방어조개라고 부르기도 한다. 바지락은 민물이 섞이는 바다의 모래 속에 사는데 자연산도 많지만 양식도 많이 하여 전 연안에 분포하며 산란기는 3~9월이다. 예부터 식용으로 이용되어 왔고 호박산이나 각종 아미노산을 함유하고 있어 좋은 맛을 낸다.

바지락 등 조개가 간장 질환에 효험이 있다는 이야기는 상식으로도 많이 알려져 있으며, 유태종 박사의 《식품보감》에는 "조가비를 가진 연체동물을 가리켜 조개라고 한다. 조개의 단백질 속에는 히스티딘, 라신 등 아미노산이 많고 글리코겐이 풍부해서 영양식품이라고 볼 수 있다. 특히 간장 질환과 담석증 환자에게는 조개류가 아주 좋은 식품이다."라고 설명하고 있다.

❀ 재료 및 분량

바지락살 300g(1.5컵), 애호박 400g(1개), 오이 145g(1개), 미나리 80g, 당근 50g(1/3개), 쪽파 30g

초고추장 고추장 3큰술, 식초 3큰술, 고춧가루 2큰술, 설탕 2큰술, 다진 마늘 1큰술, 통깨 1큰술, 소금 1작은술

❀ 조리방법

1. 바지락살을 끓는 물에 데친다.

2. 애호박과 당근은 굵게 채썰고(5×0.3×0.3cm), 오이는 껍질을 벗겨서 씨를 빼고 어슷하게 썬다(0.3cm).

3. 미나리는 5cm 길이로 썰어 끓는 물에 데친다.

4. 쪽파는 5cm 길이로 썰어 머리 부분을 얇게 가른다.

5. 초고추장 양념을 만든 후 애호박, 오이, 당근, 미나리, 쪽파를 넣고 버무린 다음 바지락을 넣어 무친다.

깻잎장아찌—❀

장아찌는 제철채소를 이용하여 간장, 고추장, 된장, 소금, 식초, 술지게미, 젓갈 등에 오랜 기간을 저장하여 두었다가 제철재료를 구하기 힘든 시기에 꺼내먹는 절임류의 일종이다. 한자로는 장과(醬瓜) 또는 장저(醬菹)라고도 하고, 제철채소를 이용하여 만들기 때문에 계절마다 담그는 장아찌의 종류가 다르다. 장기간 저장한 장아찌는 먹기 바로 전에 꺼내어 물에 헹구어 짠맛을 제거한 후 갖은 양념으로 무쳐먹거나 아무것도 넣지 않고 그대로 썰어 반찬으로 사계절 먹을 수 있다. 장아찌를 담글 때는 주로 지난해에 먹다 남은 장에 넣어 장아찌를 넣는데, 장맛이 채소에 고루 스며들고 미생물에 의해 발효되어 독특한 맛과 향과 아삭한 식감이 특징이라 할 수 있다. 예부터 장아찌는 채소가 부족한 겨울철에 비타민을 공급해주는 중요한 식품이었다. 깻잎장아찌는 물기를 제거한 깻잎에 끓인 간장을 3회 정도 반복해서 부어주면 저장성이 높아진다.

❀ 재료 및 분량

깻잎 320g(20단), 된장 500g, 소금물 적당량

양념 다진 마늘 2큰술, 다진 양파 3큰술, 다진 파 3큰술, 고춧가루 2큰술, 들기름 2작은술, 깨소금 1큰술

❀ 조리방법

1. 깻잎을 깨끗하게 씻어 30장씩 무명실로 묶어 항아리에 차곡차곡 담고 돌로 눌러 떠오르지 않게 한다.
2. 진한 소금물을 항아리에 붓고 3~4일간 둔다.
3. 깻잎의 쓴물이 빠지면 꺼내어 헹구지 말고 채반에 건져 물기를 뺀다.
4. 된장 사이사이에 깻잎을 박아 1개월 보관한다.
5. 깻잎이 누렇게 삭으면 물에 헹구어 된장을 제거한다.
6. 분량의 재료로 양념장을 만들어 깻잎 사이사이에 넣는다.
7. 오목한 그릇에 깻잎을 담아 밥 위에 찌거나 냄비에 물을 붓고 중탕하여 쪄 낸다.

TIP 망사자루에 넣어 두면 꺼내기 쉽다

매생이국 ❋
매생이탕

매생이는 물이 맑고 청정한 곳에서만 서식하는 무공해 식품이며, 11월부터 2월까지가 제철이다. 자연 채묘에 의해 이루어짐으로 생산량이 일정하지 않아 가격 변동 폭이 큰 편이다. 철분과 칼륨, 단백질을 많이 함유하였고 겨울에 맛볼 수 있는 특이한 향기와 맛을 지니고 있어 겨울철 식재료로 애용되고 있다. 매생이국은 일명 '미운 사위국'이라고도 하는데, 국이 뜨겁기 때문에 무심코 먹었다간 입천장을 데이기 때문으로 옛날에 사위가 딸에게 잘해 주지 못하면 친정어머니가 말로 하기 힘들어 매생이국을 끓여 주었다고 한다.

❀ 재료 및 분량

매생이 400g, 굴 100g, 물 1.6L(8컵), 국간장 2큰술, 다진 마늘 2큰술, 참기름 약간

❀ 조리방법

1 매생이는 물을 서너 번 헹궈 고운 채에 받쳐 물기를 뺀다.

2 굴에 소금을 넣고 으깨지지 않도록 살살 씻은 후 물로 서너 번 헹궈 채에 받쳐 둔다.

3 냄비에 참기름을 두르고, 굴과 다진 마늘을 넣고 볶는다.

4 굴의 향이 우러나오면 매생이를 넣고 물을 부어 살짝 끓인다.

5 끓어오르면 국간장으로 간을 하고 불을 끈다.

가지김치—✿

가지는 주로 나물이나 전·김치 등 식품으로 이용되지만 해열·진통·소염작용이 있어 치료제로도 쓰인다. 주로 피부의 염증·유선염·종기·피부궤양 등에 쓰이고 대변출혈에도 쓰이며, 이 밖에 갈증을 그치게 하고 살충작용도 한다. 식품으로는 주로 열매가 이용되지만 약재로는 주로 잎·줄기·뿌리 등이 이용된다.

❀ 재료 및 분량

가지 1kg(10개), 쪽파 100g, 새우젓국 80g(1/3컵), 고춧가루 40g(1/2컵), 다진 마늘 2큰술, 다진 생강 1큰술, 소금 1작은술

❀ 조리방법

1 가지는 꼭지를 떼고 6~7cm 길이로 썬 다음 가운데에 칼집을 여러 개 넣어 소금물에 절여 둔다.

2 절여진 가지는 물에 헹궈서 면포에 싸고 무거운 것으로 눌러 놓아 물기를 뺀다.

3 쪽파는 다듬어 깨끗이 씻은 다음 0.3cm 길이로 송송 썬다.

4 넓은 그릇에 쪽파, 새우젓국, 고춧가루, 다진 마늘, 다진 생강, 소금을 넣고 섞어서 양념을 만들어 놓는다.

5 절여진 가지의 칼집 사이에 4의 양념을 넣어서 숙성시킨다.

제주도

/

고기국수
고사리전
구살국
돗괴기적
모밀조베기
몸국
미수전
빙떡
진메물
초기죽
룻밥
해물뚝배기

우리나라의 제일 남쪽 섬인 제주도는 도이(島夷), 섭라(涉羅), 탐모라(耽牟羅), 탐라(耽羅) 등의 "섬나라"라는 뜻의 옛 지명을 가지고 있다. 쌀은 귀하고 잡곡인 콩, 보리, 조, 메밀 등의 생산이 많고, 특산물인 감귤은 이미 삼국시대부터 재배가 이루어 졌으며 전복과 함께 임금님께 올렸던 진상품이다. 농촌은 평야 식물지대로 농업을 중심으로 생활한 곳이었고, 어촌은 해안에서 고기를 잡거나 해녀로 잠수 어업을 하고, 산촌은 산을 개간하여 농사를 짓거나 한라산에서 버섯, 산나물, 고사리 등을 채취한다.

제주도 해안에서는 희귀한 어류가 많이 잡힌다. 싱싱한 어류는 거의 회로 즐기는데 특히 자리물회, 물망회, 전복회 등이 별미이고, 옥돔, 갈치, 자리, 상어 등은 구이나 찜을 한다. 자리돔은 제주도 근해에서 잡히는 검고 작은 돔으로 '자리'라고도 하고 여름철이 제철이다. 자리회는 비늘을 긁고 손질하여 토막을 내고 부추, 미나리를 넣고 된장으로 무쳐서 찬 샘물을 부어 물 회로 즐겨 먹는다. 이때 식초로 신맛을 내는데 유자즙이나 산초를 넣기도 한다. 옥돔은 분홍빛의 담백하면서도 기름진 물고기로 미역을 넣어 국을 끓여 먹거나 소금을 뿌려 말렸다가 구워 먹는다. 제주도의 은갈치는 매우 유명한데 회도 치고 토막을 내어 늙은 호박을 넣고 국을 끓여 먹기도 한다. 이때 은색 비늘과 기름이 둥둥 뜨긴 하지만 비린내가 적고 아주 담백하게 맛이 좋다. 또한 제주도는 전복이 많이 나기로 유명한데 회로도 먹고 죽을 쑤어 먹기도 한다. 참기름으로 볶다가 전복의 싱싱한 푸른빛 내장을 함께 섞고 물을 부어 끓인 다음 얇게 썬 살을 넣어 전복죽을 끓이면 색도 파릇하고 향이 특이하다. 해물뚝배기는 조개, 게, 새우 등의 여러 해물을 넣어 끓이는 된장찌개로 이 때 작은 전복처럼 생긴 오분자기를 넣어 먹는다. 이와 같이 제주도 음식에는 어류와 해초를 많이 쓰이고, 된장을 양념으로 많이 사용하고 있다. 대부분 사람들은 부지런하고 소박한 성품으로 음식도 많이 장만하지 않고, 양념도 적게 쓰지만 간은 대체로 짜게 하는 편이다.

수육으로는 돼지고기와 닭을 많이 쓰며 겨울에는 꿩을 주재료로 사용한다. 제주 돼지는 똥돼지와 흑돼지가 유명하다. 한라산에서는 표고버섯과 산채가 많이 나고, 겨울에도 따뜻하여 김장을 많이 담그지 않는다.

주식으로는 메밀이 많이 나와 이것으로 칼국수, 저배기, 범벅, 빙떡 등을 만들어 먹는다. 특히 빙떡은 메밀가루를 묽게 반죽하여 솥뚜껑에 얇은 전병을 지져서 안에 흰색의 무나물을 넣어 돌돌 만 것으로 제사나 잔칫상에서 빠뜨리지 않고 오르는 대표적인 제주도 향토음식이다.

대표적인 제주도음식으로 주식류로는 옥돔죽, 전복죽, 새끼돼지죽, 초기죽, 지실(감자죽), 닭죽, 메밀저배기, 꿩메밀만두, 감저범벅(메밀고구마범벅), 쌀로 만든 흰 떡국의 제주도 이름인 곤떡국이 있고, 찬류는 톨(톳)냉국, 고사릿국, 갈치호박국, 옥돔미역국, 구살국(성게국), 돼지뼈 육수에 삶은 돼지의 내장, 몸, 비계, 물에 푼 메밀가루로 농도를 조절하여 미역귀를 넣고 끓인 몸국, 해물뚝배기, 오분자기찜, 전복찜, 꿩적, 자리물회, 새끼돼지회, 초기적, 상어산적, 옥돔구이, 고등어구이, 자리구이, 양애무침, 초기전(표고버섯전), 고사리전, 생미역쌈, 다시마쌈, 톳나물, 똥돼지불고기, 구쟁이강회(소라회무침), 꿩토렴(꿩샤부샤부)등이 유명하다. 김치는 귤물김치, 유채김치, 꿩마농김치, 퍼대기김치, 동지김치, 해물김치, 젓갈류로는 게우젓, 자리젓, 깅이젓, 성게젓, 소라젓, 갈치속젓을 즐겨 먹는다.

후식류로는 빙떡, 밀가루 반죽을 술로 발효시켜 찐 상애떡, 찹쌀과 통팥으로 만든 오메기떡, 달떡 등이 있다. 꿩엿은 봄철에 약용으로 만드는데 엿을 고다가 꿩고기 삶은 것을 넣어 푹 조린 것으로 고추장 정도의 농도가 되게 삭혀서 먹는다. 백자항아리에 담아 두고 숟가락으로 퍼 먹는 보신용 음식인 닭엿은 차조밥에 엿기름물을 부어 10시간 정도 삭혔다가 체에 밭쳐 꼭 짜서 엿물을 받아 내고 여기에 닭을 넣고 짙은 갈색이 될 때까지 푹 조려 통깨를 넣어 삭힌 것이다. 음청류로는 밀감화채, 유자청, 보리쉰다리, 소엽차, 주류로는 오메기(고소리)술, 선인장술 등이 유명하다.

1) 제주도 축제 목록

지역	축제명	개최시기	주요 내용	주최/주관
서귀포시	서귀포 여름 음악축제	7월~8월	합창, 중창연주, 앙상블연주, 관현악단연주, 무용, 국악 연주 초청가수 공연, 댄스스포츠공연	한국음악협회(서귀포지부)
	서귀포 별의 축제	9월	별자리 보기, 생활과학 실험, 천문학강의 등	서귀포시/한국천문연구원
	이중섭 예술제	9월	지역화가 초대전, 학생사생 대회, 설치미술전 행위미술, 국악, 무용공연 등	서귀포시
	성산일출축제	1월 1일	길트기마당, 제주사누리 연극공연, 새해메시지 낭독 달집액 태움, 일출기원제증	성산일출제 축제위원회
	고사리 꺾기대회	매년 4월	고사리 꺾기대회, 천연염색 체험, 조랑말 어울마당 등	고사리 꺾기대회 추진위원회
	정의고을 전통민속 재현축제	매년 10월	고래골기, 촐비는 소리, 조밭볼리는 소리, 집줄 놓기 등	성읍 1리 마을회
	덕수리 전통민속 재현축제	매년 10월	불무공예, 방앗돌 굴리는 소리 등	덕수리민속 보존회
	추사문화 예술제	매년 10월	추사 서예대전, 백일장, 도예공예 전시 서각 전시회, 갈옷 전시회 등	추사문화 예술제 추진위원회
제주시	탐라국 입춘굿 놀이	2월	낭쇄코사, 선농제, 거리굿, 입춘굿 탈굿놀이, 입춘국수, 가훈써주기 등	제주시
	용연야범 재현 축제	매년 5월	한시백일장, 시조경창, 용연 선상음악회	
	한여름밤의 해변축제	7월~8월	음악, 무용, 연극 등 전체 무대장르에 대한 연일 공연	
	제주국제관악제	8월	아태지역 최대의 관악 축제, 회연주회, 공개강좌	
	아태 관악제	8월	아태지역 관악협회 회원국 관악단이 참여하는 마라톤 연주 축제	
	정월대보름 들불축제	1월	부싯돌 불씨만들기, 불깡통 돌리기, 오름 들 불놓기, 불꽃놀이 말사랑 싸움놀이, 조랑말 전통마상 등	
	수월노을 축제	9~10월경	차귀본향놀이 공연, 영산제, 선박 해상퍼레이드, 노을사진 전시회, 수월사생대회, 연날리기 대회 등	수월노을 축제 추진위원회

2) 제주도 농가 맛집

농가 맛집	특징	주소	연락처	대표메뉴
낙천 수다뜰	아련한 옛 향수와 추억을 가득 담은 쉼터	제주시 한경면 낙수로 97	010-8864-1173	추억의 도시락, 감자전, 보리빵샌드위치
명도암 수다뜰	소박한 멋과 구수한 맛이 가득한 곳	제주시 명림로 164	064-723-2722	콩국, 두부샐러드, 손두부
오랑주리	자연이 만든 싱그러움 가득 담은 귤향기	서귀포시 남원읍 하례로 292	064-767-9555	감귤해초비빔밥, 흑돼지산적
용왕 난드르	드넓게 뻗어나간 들길따라 맛길따라	서귀포시 안덕면 대평감산로 8	064-738-0715	보말수제비, 보말강된장비빔밥, 보말죽
이야기샘	웃음꽃 피고 이야기가 솟아나는 샘	서귀포시 홍중로 135	064-762-5060	몸국정식, 톳비빔밥, 보리칼국수

고기국수——❀
괴기국수, 돼지국수

제주도는 쌀농사로 적합하지 않은 토질을 지니고 있어 밀과 보리를 주식으로 자주 먹어왔고 이로 인해 국수와 보리를 이용한 요리가 발달하였다. 이중에서도 국수는 쌀을 대신할 만큼 사용가치가 높아 우리나라는 예로부터 집안에 경사가 있을 때 잔치를 열고 손님에게 국수를 대접하는 문화가 발달해 왔다. 또 제주에서도 경사가 있어 축제가 있는 날에는 돼지고기를 잡아 손님들에게 대접하는 문화가 있는데 수육과 순대를 만들고, 남은 돼지머리와 수육으로 내놓고 남은 부속들을 모아서 돼지뼈 등을 넣고 진하게 고아낸 국물에 국수를 말아 손님에게 대접하였다.

제주도식 잔치국수라 할 수 있는 고기국수는 100여 년의 역사를 가진 음식으로 일제 강점기에 제주에 건면이 도입된 이후 만들어 먹게 된 음식이며, 잔치나 초상을 치를 때 돼지를 잡고 이를 삶아낸 국물에 국수를 말고 고명으로 수육을 몇 점 얹어서 손님상에 내었다. 현대에 와서는 일반적으로 돼지뼈를 푹 고운 육수를 이용하고 있다.

제 주 도

❀ 재료 및 분량

삼겹살 150g, 국수 200g, 콩나물 150g, 대파 1/3개, 양파 1/2개, 달걀 1개, 마늘 1쪽, 고춧가루 1/2큰술, 간장 2큰술, 참기름·깨소금 1큰술씩, 소금 약간

❀ 조리방법

1 삼겹살은 씻어서 된장, 양파, 통후추를 넣어 삶아 체에 거른 후 고기는 납작하게 썬다.

2 대파와 양파는 어슷하게 썰고 마늘은 다져 놓는다.

3 콩나물은 삶아 간장, 깨소금, 참기름으로 무쳐 준비한다.

4 달걀은 풀어놓고 국수는 삶아 사리지어 준비한다.

5 1의 육수에 간장으로 간을 하고 2를 넣고 달걀은 줄알을 쳐서 넣는다.

6 그릇에 국수를 넣고 5의 육수를 넣어 뜨겁게 하여 무쳐놓은 콩나물과 돼지고기 썬 것을 얹어 뜨거운 국물을 붓고 깨소금과 약간의 고춧가루를 뿌려 낸다.

TIP 고기를 삶을 때는 된장 1/2큰술, 양파 1/2개, 통후추 약간을 넣어주면 좋다.

고사리전———❀

제주도 동쪽지역에서 주로 만들었던 행사음식이며, 전을 부쳐야 할 마땅한 재료가 없어서 고사리전을 부쳤다고 한다. 또 제주도에서 고사리전은 명절이나 제사상에 올리는데 귀신이 음식을 싸갈 때 보자기 대용으로 고사리를 쓴다는 유래가 있다.

🏵 재료 및 분량

삶은 고사리 200g, 달걀 2개, 밀가루 1컵, 실파 20g, 소금 1작은술, 참기름 1작은술, 식용유 1/2큰술, 후춧가루 약간

🏵 조리방법

1 고사리는 억센 줄기를 잘라 내고 깨끗이 씻어 건져 물기를 짜고 소금, 참기름으로 양념한다.

2 양념한 고사리에 밀가루와 달걀로 반죽을 한다.

3 달군 팬에 식용유를 두르고 고사리를 작게 잡아 둥글게 모양을 잡고 달걀반죽을 떠 넣고 뒤집어서 노릇노릇하게 지진다.

구살국—✿
성게미역국, 성게국

제주 근해의 갯바위에는 여러 가지 해산물이 자생하는데 그 중 고유한 바다의 맛을 가장 잘 나타내는 것은 성게이다. 제주에서 '구살'이라고도 불리는 성게는 대부분 밤송이처럼 생긴 보라성게를 이르는데 간혹 불그스름하고 가시가 짧은 '솜'이 섞이기도 한다. 엽산 함유량이 높아 소화흡수에 좋으며 강장제로도 효과가 있고 철분이 많이 들어 있어 빈혈이 있거나 병을 앓은 후 회복기의 환자에게도 특히 좋다. 인삼과 같이 사포닌 성분이 있어 결핵이나 가래를 제거하는 효능이 있다.

구살국은 제주의 대표적인 국으로 담백한 맛을 내며, 5월 말에서 6월 사이의 성게가 가장 살이 올라 맛이 좋고 성게가 나오는 시기에는 생미역 또한 제철이므로 생미역으로 끓이면 더 좋다. 성게는 해삼보다 단백질을 많이 함유해 '바다의 호르몬'이라 불리기도 한다.

✿ 재료 및 분량

성게 100g, 미역 50g, 마늘 1/2큰술, 참기름 1큰술, 국간장 약간

✿ 조리방법

1 성게는 깨끗이 씻고 마른 미역은 물에 불려 물기를 짜고 먹기 좋은 크기로 썬다.

2 1의 미역을 참기름에 살짝 볶아 물을 붓고 한소끔 끓인다.

3 2에 성게와 마늘을 넣고 끓이다가 국간장과 소금으로 간을 한다.

돗괴기적—❀

돗괴기는 돼지고기의 제주어로 제사나 차례를 지낼 때 만드는 돼지고기산적을 말한다. 제수용으로 만들기 때문에 마늘이나 고추는 넣지 않고 삶은 돼지고기에 실파와 깨소금을 넣고 홀수로 7점이나 9점을 꼬지에 꽂아서 한번 구워 제사상에 올린다. 특히 제주의 돼지고기산적의 특징으로는 껍질이나 비계를 제거하지 않고 꼬지에 꽂는 것이 독특한 점이다.

🌸 재료 및 분량

돼지고기 1kg, 된장 1/2큰술, 대파 1뿌리

양념 간장·참기름·깨소금 1큰술씩, 다진 파 2큰술, 후춧가루 약간

🌸 조리방법

1 돼지고기는 된장과 대파를 넣고 푹 삶는다.

2 1의 돼지고기는 길이 10cm, 두께 1.5cm 폭으로 썰어서 분량의 양념재료를 넣고 무친다.

3 2를 한 꼬챙이에 5개를 꽂아서 팬에 살짝 지진다.

모밀조베기—✿

'조베기'는 수제비의 제주 방언으로, 제주도는 전국에서 메밀을 가장 많이 생산하고 가장 많이 먹는 곳이었다. 제주에는 강원도보다 더 많은 메밀요리가 있는데 그 가운데 가장 흔하게 만들어 먹었던 음식이 조베기로 특이한 점은 밀수제비처럼 빽빽한 반죽이 아니고 묽은 반죽을 하여 반죽한 것은 수 저로 떠 넣는다. 이 때 뜨거운 물에 수저를 적시면서 반죽을 뜨면 수저에 반죽이 달라붙지 않아 편리 하다.

✿ 재료 및 분량

메밀가루 1.5컵, 불린 미역 20g, 물 1/2 컵, 굵은 소금 1/2작은술

✿ 조리방법

1 메밀가루에 소금을 약간 넣고 뜨거운 물로 묽게 익반죽을 한다.

2 냄비에 물이 끓으면 메밀반죽을 수저로 떠 넣는다
   (수저를 뜨거운 물에 담가가며 한 수저씩 떠 넣는다).

3 2에 불린 미역을 넣고 한소끔 끓인 후 소금으로 간을 한다.

몸국—❀
모자반국, 몰망국

'몸'은 모자반의 제주 사투리로 잔칫집에서는 잔치 전날, 초상집에서는 장례 전날 돼지를 잡아 삶아 낸 물에 모자반, 배추, 메밀가루, 돼지내장 등을 넣고 솥에 끓여 오신 손님들에게 대접했던 음식이다. '몰망국'이라고 부르기도 하며 식성에 따라 김치나 고춧가루, 후춧가루 등을 넣어 먹는다. 모자반이 제철일 때는 데쳐서 사용하고, 제철이 아닐 때는 말린 것을 사용한다. 제철이 아닌 때는 바구니에 넣어 씻어야 한다.

❀ 재료 및 분량

모자반 200g, 돼지고기 육수 6컵, 미역귀 20g, 돼지장간막 100g, 돼지내장 100g, 메밀가루(또는 보릿가루) 20g, 물 4컵, 배추김치 100g, 다진 마늘·소금 1큰술씩

❀ 조리방법

1 돼지 장간막은 굵은 소금으로 비벼 씻고 밀가루로 다시 주물러 씻어 잘게 썬다.

2 모자반은 손질하여 깨끗이 씻어 2cm 길이로 썰고, 배추김치, 미역귀도 같은 크기로 썬다.

3 돼지내장은 깨끗이 씻어 적당한 크기로 썬다.

4 육수에 깨끗이 손질된 모자반, 배추김치, 미역귀, 장간막, 돼지내장을 넣어 끓인다.

5 한소끔 끓으면 물에 풀어 둔 메밀가루와 다진 마늘을 넣고 소금으로 간한다.

꼬리와 머리가 따로 없이 똑같다는 의미로 '머리이면서 꼬리'라는 뜻의 이름이 붙은 미수전은 어른 손가락 굵기 정도의 달걀 지단으로 감싼 전이다. 꾀기반을 썰면서 남은 고기, 산적을 만들다가 남은 부스러기 고기까지도 함께 나누어 먹어야 한다는 공동체 정신이 담긴 전으로 고기를 곱게 다져서 으깬 두부를 섞고 양념해서 달걀지단에 감싸서 만든다.

✿ 재료 및 분량

돼지고기(살코기) 100g, 두부 30g, 마늘·파 1작은술씩, 깨소금·참기름 1/2작은술씩, 달걀 3개, 식용유·후춧가루 약간씩

✿ 조리방법

1 돼지고기는 삶아 잘 다진다.

2 두부는 수분은 제거하여 으깨어 **1**에 넣고 양념한다.

3 달걀을 풀어 놓는다.

4 **2**를 길이 3cm 정도 두께 0.7cm로 길게 빚는다.

5 달군 팬에 식용유를 두르고 수저로 달걀을 떠서 타원형이 되게 핀 후 달걀이 굳기 전에 **4**를 넣어 돌돌 말아 양쪽을 눌러 모양을 잡아 지진다.

6 초간장을 곁들인다.

빙떡 — *

빙떡은 제주에서는 관혼상제에 반드시 만들어 먹는 음식으로 빙빙 돌리면서 만들어 유래된 이름이다. 전기떡이라고도 하며, 소를 넣고 멍석처럼 말아서 지진 떡이므로 멍석떡이라고도 한다. 제주 내에서도 지역에 따라 '홀아방떡', '홀애비떡' 또는 '전기'로 불린다. 강원도의 메밀전병(메밀총떡)과 비슷하며 메밀가루를 이용하면 메밀빙떡, 수숫가루를 이용하면 수수빙떡, 멥쌀이면 힌돌래, 좁쌀이면 조돌래, 보리이면 보리돌래라고도 한다.

심심한 무나물을 메밀전병의 속으로 넣고 말아서 완성하며, 제주사람들은 메밀을 이용할 때는 반드시 무를 함께 조리하여 소화가 원활하도록 배려하였다.

❀ 재료 및 분량

메밀가루 5컵, 물 8컵, 무 1개, 쪽파 100g, 소금·깨소금 1작은술씩, 참기름 2작은술, 식용유 적당량

❀ 조리방법

1. 메밀가루는 미지근한 물로 아주 묽게 소금 간하여 반죽한다.

2. 무는 5×0.3×0.3cm 정도로 굵게 채썰어 푹 삶은 후 물을 꼭 짜두고, 쪽파는 0.3cm 길이로 송송 썬다.

3. 2에 참기름, 소금, 깨소금을 넣어 살짝 무쳐 소를 만든다.

4. 달군 팬에 식용유를 둘러 약한 불에서 메밀 반죽을 지름 20cm 크기로 얇게 지져 낸다.

5. 그릇에 4를 펴고 3의 소를 한쪽에 가지런히 놓고 김밥 마는 것처럼 돌돌 말아 양끝을 손으로 꾹 누른다.

진메물——❀

무나물을 조리하면서 메밀가루를 함께 풀어 넣어서 걸쭉하게 만든 음식으로 가을에 나오는 양하를 함께 조리하기도 하는데 무의 맛에 양하의 독특한 풍미가 더해져서 심심하지만 새로운 맛을 낸다.

🏵 재료 및 분량

무 300g, 물 1.5컵, 메밀가루 3큰술, 소금 1작은술, 참기름 약간

🏵 조리방법

1 무는 깨끗이 씻어 4×0.3×0.3cm 길이로 채썬다.

2 메밀가루는 물 반 컵에 풀어 놓는다.

3 냄비에 남은 물 한 컵과 소금을 넣고 끓여 1의 무를 넣고 삶는다.

4 무가 익으면 메밀가루 반죽을 붓고 반죽이 엉기면 참기름을 넣고 가볍게 섞는다.

초기죽—❋
표고버섯죽

제주에서는 표고버섯을 초기라 부른다. 표고버섯에 풍부한 아미노산과 독특한 향은 환자식으로 끓이는 죽의 재료로 최적의 조건을 가지고 있다. 은근한 향과 부드러운 식감은 식욕을 자극하여 기운을 살릴 수 있도록 도와주며 목이버섯 다음으로 식이섬유가 많아 변비를 예방하는 효과가 있다.

✿ 재료 및 분량

표고버섯 4장, 쌀 2컵, 참기름 2큰술, 소금 약간

✿ 조리방법

1　쌀은 1시간 이상 충분히 불려서 건진다.

2　건표고버섯은 미지근한 물에 불려 밑동을 뗀 후 0.2cm로 채썰고, 물은 따로 담아 둔다.

3　달군 팬에 참기름을 두르고 표고버섯을 볶아 둔다.

4　냄비에 참기름을 두르고 쌀을 볶다가 쌀알이 투명해지면 2의 물을 붓고 쌀알이 퍼질 때까지 잘 저으면서 끓인다.

5　쌀알이 퍼질 무렵에 볶은 표고버섯을 넣고 한소끔 끓인 다음 소금으로 간한다.

톳밥 ─ ❀

봄(3~5월)에 많이 나는 톳은 식량이 부족했던 시절 구황식품으로 톳을 많이 넣어 봄철 보릿고개를 넘겼고, 말려서 보관하다가 여름철에 된장을 풀어 냉국으로 만들어 먹기도 했다. 톳은 바다에서 채취하여 그대로 햇볕에 말리면 소금기로 인해 변하지 않는다. 먹을 때는 미리 물에 담가서 짠맛을 우리거나 뜨거운 물에 담그면 빨리 불어난다. 톳은 철분이 많아 여성에게 좋은 음식이며 식이섬유 또한 풍부한 식품이다.

제주도

❀ 재료 및 분량

보리쌀 1컵, 쌀 1/2컵, 톳 50g, 물 적당량

❀ 조리방법

1 쌀은 씻어서 30분간 불려 체에 밭쳐 물기를 빼 놓는다.

2 톳은 잘게 썬다.

3 보리쌀은 미리 삶아 놓는다.

4 1, 2, 3과 물을 쌀과 동량으로 넣어 밥을 짓는다.

해물뚝배기——✿

해물뚝배기는 전통적으로 만들어 먹었던 제주 향토음식은 아니다. 뚝배기가 제주 음식에 사용된 지 반세기 정도에 불과하다. 하지만 해물뚝배기의 구성 요소와 재료를 보면 분명 제주의 전통음식일 수밖에 없는데 제주음식인 바릇국에 이용되는 재료가 그대로 이용되고 있기 때문이다. 바릇국은 바다에서 나는 생선이나 해물로 끓인 국의 총칭이다. 제주에서는 바다에 가는 걸 '바릇잡으러 간다'고 말하기도 한다. 해방 이후 제주의 전통 바릇국을 뚝배기 그릇에 담아 1970년대부터 판매하면서 자리 잡은 것이 해물뚝배기다.

✿ 재료 및 분량

꽃게 1마리, 새우 6마리, 조개 30g, 두부 1/4모, 대파 1/4개, 쑥갓 약간, 무 30g, 홍고추·풋고추 1/2개씩, 된장 1큰술, 고추장 1작은술, 고춧가루 1/2작은술, 마늘 1/2큰술, 소금·후춧가루·생강 약간씩

✿ 조리방법

1 꽃게는 껍질을 솔로 살살 문질러 씻은 다음 등, 다리와 집게발을 떼고 몸통은 4등분한다.

2 조개는 소금물에 해감하고, 새우도 내장을 제거한 후 씻어 준비한다.

3 무는 나박하게 썰고 대파, 홍고추, 풋고추는 어슷썰기 한다.

4 두부는 5×4×0.5cm 두께로 큼직하게 썬다.

5 냄비에 물 3컵을 넣고 고추장 1작은술, 된장 1큰술을 고루 풀어준다.

6 **5**에 무를 넣고 끓이다가, 무가 투명해지면 손질한 게를 넣고 나머지 해물도 넣어 끓인다.

7 **6**에 다진 마늘과 생강, 고춧가루를 풀고 한소끔 끓인 후 대파, 홍고추, 풋고추를 넣고 소금으로 간을 한 뒤 쑥갓을 넣는다.

함경도

/

함경도는 우리나라의 가장 북쪽에 위치한 험악한 산간지대로 백두산과 개마고원이 있어 논농사보다는 밭농사를 많이 한다. 잡곡의 종류가 풍부하고 맛 또한 남쪽보다 훨씬 차지고 구수하여 주식으로 잡곡밥인 기장밥·조밥을 주로 먹는다. 감자 또는 고구마 전분을 이용한 음식이 많은데 대표적으로 녹말을 가라 앉혀서 만든 국수인 냉면이 발달하였다. 함경도와 인접한 동해안에서 청어, 대구, 명태, 연어, 대구, 정어리 등 여러 가지 생선이 잘 잡혀 해산물도 풍부한 편이다.

함경도는 북쪽에 위치해 다른 지역 보다 평균기온이 낮아서 음식을 짜게 해서 보관할 필요가 없기 때문에 음식의 간은 짜지 않지만 고추와 마늘 양념을 많이 사용하여 진한 맛이 많이 나고 음식의 모양은 큼직하며 장식이나 기교를 부리지 않는 편이다.

함경도의 대표 음식인 회냉면은 감자녹말을 반죽하여 빼낸 국수를 삶아서 매운 양념으로 무친 가자미를 위에 얹어 먹는 회냉면으로 비벼먹는 양념은 함경도산 고춧가루를 사용하여 칼칼하고 매콤한 맛이 특징이다.

함경도지방은 날씨가 춥기 때문에 김장을 11월 초순부터 담그며 새우젓, 멸치젓을 조금 넣고 대신 동태나 가자미, 대구 등 흰살 생선을 썰어 무나 배추김치 소에 넣고, 김치 국물을 넉넉히 넣어 매우 개운한 맛을 낸다. 동치미도 담가 땅에 묻어 놓고 이 동치미 국물로 냉면이나 밥을 말아먹기도 하며 콩의 질이 좋아 콩나물을 살짝 삶아 김치를 담가 먹기도 한다.

대표적인 주식류로 잡곡밥, 닭비빔밥, 강냉이밥, 기장밥, 찐조밥, 귀밀밥, 얼린콩죽, 고깃국에 밥을 만 탕반의 일종인 가리국, 담치(섭조개)국에 쌀을 넣고 쑨 섭죽, 감자국수, 회냉면, 감자막가리 만두 등이 있다. 반찬류로는 명탯국, 단고기국, 천엽국, 다시마냉국, 되비지찌개, 비웃(청어)구이, 원산해물잡채, 북어찜, 영계찜, 두부전, 두부회, 닭섭산적, 임연수구이, 동태의 내장을 비워낸 뱃속에 소를 채워 만든 동태순대, 북어찜, 불린 콩을 갈아서 돼지고기와 풋고추 썬 것과 다진 파, 마늘을 섞어서 빈대떡 부치듯 지진 콩부침, 김치류는 콩나물김치, 대구깍두기, 채칼김치, 산갓김치, 회냉면과 더불어 널리 알려진 음식으로 새콤하게 잘 삭혀 술안주나

밥반찬으로 일품인 가자미식해, 도루묵식해 등이 있다.

병과류로는 멥쌀가루를 쪄서 절구나 떡판 위에서 쳐서 달 모양으로 둥글게 빚어 줄무늬의 떡살을 찍어 참기름을 바른 달떡, 가랍떡, 콩떡, 언감자떡, 귀밀떡, 귀밀송편, 찹쌀가루를 반죽하여 무쇠가마에서 구운 괴명떡, 인절미, 오그랑떡, 산자, 태석, 약과, 콩엿강정, 들깨엿강정 등이 유명하고 음청류로 보리감주를 즐겨 마신다.

햇닭찜——•

과거에는 닭을 신성시하였으나 현재는 점차 달걀과 더불어 흔히 먹고 있다. 처음 기르기 시작한 것은 BC 1700년경 인도였고, 닭고기에 들어 있는 콜라겐 성분은 피부를 탄력 있고 건강하게 만들어 피부 미용과 골다공증 예방하는 효과가 있다. 또한 닭은 다른 육류 쇠고기나 돼지고기와 비교하면 두뇌성장을 돕는 단백질이 풍부하여 몸을 유지하는 뼈대의 역할과 세포조직의 생성을 돕는다. 닭고기는 불포화지방산 중 리놀렌산을 많이 함유하여 암 발생을 억제하는 역할을 하며 동맥경화, 심장병 등 대사증후군 예방에도 도움이 되고 소화흡수가 잘 되기 때문에 이가 불편한 노인이나 어린이, 회복기 환자들 또 임산부에게 좋으며, 전통적인 여름 보양식으로 삼계탕과 영계백숙이 있다.

✿ 재료 및 분량

햇닭 1마리, 찹쌀 50g, 꿀 20g, 소금 7g, 참기름 10g, 소주 10g, 파 20g, 후춧가루 약간

✿ 조리방법

1 햇닭은 소금, 후춧가루, 파, 소주를 넣고 재운다.
2 찹쌀은 불려 소금, 후춧가루, 참기름, 꿀을 넣고 잘 섞는다.
3 닭의 뱃속에 찹쌀을 넣고 푹 찐 다음 접시에 담고 찰밥을 곁들여 낸다.

연감자깨국수─●

함경도 지방은 추운 기후조건으로 인해 언감자를 이용한 요리가 유명하다. 언감자국수, 언감자송편 등 북한주민들에게 감자요리를 보급하기 위해서 1999년에 출간된 《감자료리》라는 책에는 여러 가지 다양한 감자요리들이 나와 있다. 특히 양강도에는 언감자국수, 감자뜨더국, 언감자송편, 감자엿, 감자강정, 감자농마국수, 감자농마지짐 등 감자를 이용한 요리가 무려 80여 가지나 된다고 한다. 앞에 나온 감자농마국수, 감자농마지짐의 '농마'는 녹말을 뜻하는 북한언어로, 양강도 사람들이 농마로 만든 국수를 아주 즐겨먹는다고 한다. 언감자국수는 두만강 유역에서 항일전투를 하던 사람들이 밭에서 일구던 감자를 겨우내 꽁꽁 얼렸다가 으깨서 국수를 만들어 먹기 시작하면서 생겨난 음식이다.

❀ 재료 및 분량

언감자가루 1kg, 들깨 50g, 콩 100g, 소금 20g

❀ 조리방법

1 추위에 언 감자나 일부러 얼린 감자를 녹여 말린 뒤 분쇄기로 가루를 만든다.

2 이 가루를 물에 담가 맑은 물이 나올 때까지 여러 번 물을 갈아 주면서 5시간 정도 우려낸 다음 가라앉은 언감자의 앙금을 자루에 넣고 돌로 눌러 된 반죽이 될 때까지 물기를 짜 낸다.

3 이렇게 짜낸 반죽을 주먹 크기로 덩어리를 만들어 찜 솥에 넣고 김을 올린 다음 다시 꺼내어 반죽한다.

4 반죽을 국수틀에 들어갈 만한 크기로 빚어서 찜 솥에 넣고 다시 꺼낸 후 그것을 국수분통에 넣어 찬물에 천천히 눌러 내린다.

5 콩은 불렸다가 삶아서 깨와 같이 간 다음 체에 걸러 소금을 넣고 콩깨국을 만든다.

6 국수사리를 그릇에 담고 콩깨국을 부어 낸다.

콩지짐─❀

콩은 흔히 밭에서 나는 쇠고기라고 부를 정도로 영양가가 뛰어나며, 검은콩은 일반 콩과 비교하여 영양소의 함량은 비슷하지만 노화방지 성분이 4배나 많다. 또 성인병 예방과 다이어트에 효과가 있다고 알려지면서 건강식품으로 각광을 받고 있다. 《본초강목》에는 검은콩의 효능에 대하여 "신장을 다스리고 부종을 없애며, 혈액 순환을 활발하게 하며 모든 약의 독을 풀어준다."고 기록하였다. 시스테인(cysteine)이 함유되어 있어 탈모를 방지하는 데도 효과가 있고 꾸준히 복용하면 신장과 방광의 기능을 원활하게 해준다. 그냥 먹는 것보다 볶아서 먹는 것이 더 효과가 있는데, 볶은 검은콩은 하루에 10알씩 수시로 먹고, 한 번 볶은 것은 일주일 안에 모두 먹는 것이 좋다. 콩은 항암 효과가 널리 알려져 있는 식품으로 특히 검은콩 껍질에는 노란 콩에는 없는 글리시테인(glycitein)이라는 항암 물질이 들어 있다. 요즘 브라질에서 최고의 보양식으로 꼽히는 음식 중 하나가 검은콩으로 만든 '페이조아다(feijoada)'인데 이 음식은 원래 노예들의 일용식(日用食)이었으나 최근 콩에 대한 관심이 커지면서 새롭게 주목받고 있다.

콩 섭취가 심혈관 질환에 미치는 영향에 대한 여러 연구에 따르면, 규칙적인 콩 섭취는 동맥경화를 유발하는 것으로 알려진 저밀도지방단백질(LDL), 콜레스테롤, 중성지방을 낮추며 동맥경화를 예방하는 고밀도지방단백질(HDL) 콜레스테롤을 높이는 것으로 밝혀졌다. 이러한 효과는 콩 단백질의 효과와 더불어 콩 안에 풍부하게 들어 있는 불포화지방산이 LDL 콜레스테롤 수치를 낮추는 작용을 하기 때문이다. 또한 콩에는 동맥경화를 예방하는 오메가-3 지방산도 많이 들어 있다.

❀ 재료 및 분량

콩 400g, 풋고추 50g, 파 50g, 소금 3g, 기름 50g

❀ 조리방법

1 콩은 불렸다가 껍질을 벗긴 다음 갈아서 소금, 채로 썬 파와 풋고추를 넣고 반죽을 만든다.

2 팬에 기름을 두르고 반죽을 한 숟가락씩 떠놓아 얄팍하고 노르스름하게 지져 낸다.

두부탕——❀

최근 서구에서 '살찌지 않는 치즈'라고 불릴 정도로 인기가 좋은 두부는 고단백 저칼로리로 비만 예방에 최적인 식품이다. 또한 두부는 콩 단백질인 글리시닌과 알부민을 응고시켜 만든 것이므로 콩의 영양가를 그대로 가지고 있으면서도 소화 흡수율이 콩보다 훨씬 높다. 두부는 리놀산을 함유하고 있어 콜레스테롤을 낮추고 올리고당이 많아 장의 움직임을 활성화하고 소화흡수를 도와 건강한 체중 감량을 원하는 사람에게 가장 적당한 다이어트 식품이다.

❀ 재료 및 분량

두부 200g, 돼지고기 100g, 참나무버섯 50g, 파 30g, 풋고추 30g, 간장 5g, 고추장 20g, 기름 10g, 파 20g, 마늘 10g

❀ 조리방법

1 두부는 깍두기모양으로 썰고 돼지고기와 버섯은 나박 썰기 한다.

2 냄비에 기름을 두르고 돼지고기와 버섯, 파를 볶다가 더운 물을 부어 끓인다.

3 고기가 익으면 먼저 고추장과 간장을 넣고 송송 썬 풋고추와 두부를 넣어 끓인 다음 다진 파와 마늘을 뿌려 낸다.

감자장—❁

감자는 '땅속에서 나는 사과'라고 불릴 만큼 비타민이 풍부하다. 감자 한 개에 거의 모든 영양소가 함유되어 있어 감자를 즐겨먹는 사람들은 영양결핍에 걸리지 않는다고 한다. 뿐만 아니라 성인병 예방, 다이어트, 피부미용에도 탁월한 효과가 있어 여성들에게도 사랑을 듬뿍 받고 있다. 감자의 주성분은 전분, 즉 탄수화물이며 사람들의 에너지를 창출해내는 중요한 역할을 한다. 또 철분, 마그네슘과 같은 중요한 무기성분 및 비타민 C, B_1, B_2, 나이아신과 같은 인체에 꼭 필요한 비타민을 함유하고 있다. 감자가 가진 철분은 같은 양의 쌀밥보다 많아 철분 섭취가 필요한 빈혈환자에게 좋은 효과가 있고, 다량의 칼륨은 소금기가 있는 음식을 많이 먹는 우리나라 사람들에게 좋은 역할을 한다. 감자에 없는 비타민 A나 적은 양의 단백질, 지방은 달걀, 우유, 베이컨, 버터, 당근, 브로콜리 등의 음식으로 보충해서 먹는다면 완전식품이 될 수 있다.

❀ **재료 및 분량**

감자 200g, 돼지고기 50g, 된장 30g, 파 10g, 풋고추 10g

❀ **조리방법**

1 감자는 깍두기모양으로 썰고 돼지고기는 작은 나박 모양으로 썬다.

2 냄비에 물을 넣고 감자를 끓이다가 돼지고기를 넣고 끓인다.

3 감자와 고기가 푹 익으면 된장을 풀어 넣고 송송 썬 파와 풋고추를 넣은 다음 한소끔 끓여 낸다.

미역냉채——*

미역은 한방에서는 해채, 감곽, 자채, 해대 등으로 부르며, 겨울에서 봄에 걸쳐서 주로 채취되고 이 시기의 미역이 가장 맛이 좋다. 미역은 특히 요오드를 많이 함유하고 있다. 산후선약(産後仙藥)이라 하여 우리나라에서는 산모가 출산한 후에 바로 미역국을 먹이는데 이를 '첫국밥'이라 하고, 이때 사용하는 미역은 '해산미역'이라 하여 값을 깎지 않고 넓고 긴 것을 고르고 풍습이 있다. 효능으로는 답답한 것을 없애고 기(氣)가 뭉친 것을 치료하고 소변을 잘 보게 한다는 기록이 있다.

🏵 재료 및 분량

풋미역 400g, 배 100g, 밤 50g, 소금 4g, 참기름 10g, 식초 7g, 설탕 5g, 파 10g, 마늘 5g, 겨자 10g, 참깨 2g

🏵 조리방법

1 풋미역은 데쳐서 찬물에 헹구어 길이 5cm, 너비 1cm로 썰어 놓는다.

2 배는 껍질을 벗겨 미역과 같은 크기로 썰어 놓는다. 밤은 채로 썬다.

3 풋미역에 배를 넣고 섞은 다음 다진 파와 마늘, 겨자, 참기름, 소금, 식초, 설탕, 참깨로 양념하여 접시에 담고 채친 밤을 뿌려 낸다.

오리고기송이버섯찜—•

오리고기는 예로부터 임금에게 진상했다는 기록이 있을 정도로 귀한 음식으로 대접받았다. 《동의보감》에서는 허약한 몸을 회복해주는 보약 효과가 있으며 혈액순환을 좋게 하고 몸의 부종을 제거하고 소변을 잘 나오게 한다고 나와 있고, 《본초강목》에서는 열독을 제거하고 어혈을 제거하며 붓기를 제거하고 몸이 아플 때 먹으면 치료에 도움이 된다고 쓰여 있다.

오리고기는 알칼리성 식품이기 때문에 인체가 산성화되는 것을 방지해 주고, 혈액 내의 콜레스테롤 수치를 낮춰 각종 성인병뿐만 아니라 중풍, 고혈압 등의 예방에 효과가 좋은 식품으로 알려져 있다. 또한 쇠고기나 돼지고기에 비해 20%나 많은 불포화 지방산이 세포의 대사와 혈액, 산소 공급을 원활히 도와 성인병 예방에 탁월한 효과가 있다.

❀ 재료 및 분량

오리 1마리, 송이버섯 200g, 소금 6g, 간장 10g, 기름 20g, 소주 5g, 조청 5g, 파 20g, 마늘 5g, 고추 30g, 생강 5g, 후추 1g, 녹말 5g

❀ 조리방법

1 오리는 토막으로 썰어 간장, 소금, 후추, 소주, 조청, 파, 생강, 마늘을 넣고 재웠다가 색이 나게 지지고 송이버섯은 편으로 썬다.

2 지진 고기토막을 껍질부분은 밑으로 가게 그릇에 담은 다음 재웠던 재료들과 송이버섯편을 넣고 푹 찐다.

3 찐 오리고기 토막과 송이버섯을 그릇에 담고 국물을 끼얹는다.

명태순대 —✿

내장을 빼낸 명태 뱃속에 소를 채워 넣어 만든 순대를 명태순대라고 하며 다른 이름으로 '동태(凍太)순대'라고도 한다. 《송남잡지》에 "함경도 명천 사람 태(太)모씨가 비로소 북해에서 낚시로 잡았는데 크고 살찌고 맛이 좋아 명태라 이름 지었다."고 하였다. 이는 명천의 '명(明)'과 태씨의 '태(太)'자를 합하여 작명했다는 것이다.

우리나라의 순대는 일반적으로 동물의 내장 속에 육류·곡류·채소류 등 여러 가지 양념과 돼지 피(豚血) 등을 섞어 넣고 실로 양쪽을 묶어 찌거나 삶은 음식을 말하나 오징어·명태 등의 몸통 속에 소를 넣은 것도 순대라고 불리고 있다. 명태순대는 겨울 김장철에 만들어 추운 밖에서 꽁꽁 얼려 놓고 먹거나 혹은 설 등의 명절 때 만들어 손님 접대용으로도 쓰였고, 돼지순대와는 달리 선지를 넣지는 않는다.

TIP 명태의 여러 가지 이름

생태 : 갓 잡은 명태
동태 : 얼린 명태
황태 : 얼렸다가 녹이기를 여러 번 반복하여 노랗게 말린 명태
코다리 : 내장을 뺀 명태를 반건조시킨 명태
노가리 : 새끼 때 잡은 명태
명란젓 : 명란(명태의 알)을 소금에 절여 담근 젓갈
창난젓 : 창난(명태의 창자)을 소금에 절여 담근 젓갈

❀ 재료 및 분량

명태 2kg(2마리), 숙주나물(삶은 것) 1/3컵, 배추(삶은 것) 1/4컵, 돼지고기 60g, 두부 반 모, 찹쌀가루 1큰술, 다진 마늘 1큰술, 다진 파 2큰술, 된장·소금·초간장 적당량, 후춧가루 약간

❀ 조리방법

1 명태에 소금을 뿌려 하룻밤 재운다.

2 절인 명태를 아가미부터 손을 넣어 내장을 모두 꺼내고 씻는다. 알이 있으면 씻어 두고, 배가 터지지 않도록 주의한다.

3 삶은 배추와 숙주는 꼭 짜서 다진 다음 다시 물기를 꼭 짠다. 돼지고기도 곱게 다진다.

4 된장과 두부를 으깨서 섞고, 명태알도 넣는다.

5 3과 4의 재료를 섞어 소금과 후춧가루로 간을 맞춘 다음 다진 파, 다진 마늘, 찹쌀가루를 넣고 섞어 소로 만든다.

6 소금에 절인 명태 뱃속에 소를 꽉 채워 넣고 입을 꿰맨다.

7 찜 솥에 쪄 낸 후 알맞게 식으면 적당한 크기로 썰어 초간장을 곁들인다.

명태만두——❋

우리나라는 지역에서 생산되는 식재료에 따라 다양한 방법으로 만두를 빚어 먹었다. 경기도 양반가와 궁중에서는 여름철에 많이 나는 오이와 담쟁이 넝쿨을 접시 바닥에 깔고 해삼모양의 '규아상'이라는 만두를 얹어 한껏 맛과 멋을 낸 요리를 즐겼다고 한다. 강원도나 경상도의 바닷가에 근접한 지역에서는 준치와 대구 같은 맛이 담백하고 느끼하지 않은 어류들을 주재료로 하는 '어만두'를 빚어 먹었는데 매우 귀한 음식으로 여겨졌다. 평안도식 만두는 어른 손바닥 절반 정도로 크기가 커서 흔히 '왕만두'라고 불리며 함경도에서는 겨울에 꿩을 사용해 만든 꿩만두와 동해에서 많이 잡히는 명태를 이용해 만든 담백한 명태만두를 만들어 먹었다. 명태만두는 추운 겨울을 이겨낼 수 있는 영양식이며 동치미와 곁들여 즐겼다고 한다.

🌸 재료 및 분량

명태 70g, 두부 150g, 숙주나물 2줌(50g), 당면 100g, 만두피 15장, 부추 40g, 양파 1/4개, 달걀 1개, 다진 대파 1큰술, 다진 마늘 1/2큰술, 후춧가루 약간, 참기름 1큰술, 소금 1작은술, 깨소금 약간

🌸 조리방법

1 두부 칼등으로 눌러 으깬 후 젖은 면보에 넣고 물기를 꼭 짠다.

2 당면은 끓는 물에 넣어 삶아 체에 밭쳐 물기를 뺀 후 1cm 폭으로 썬다. 숙주는 끓는 물에 넣고 데친다. 체에 밭쳐 한 김 식힌 후 물기를 꼭 짜고 1cm 폭으로 썬다. 배추김치는 속을 털어내고 물기를 꼭 짠 후 다진다.

3 명태는 곱게 다진다. 달걀은 잘 풀어 달걀물을 만든다.

4 큰 볼에 두부, 숙주, 당면, 명태, 달걀, 대파, 마늘, 후춧가루, 참기름, 소금, 깨소금을 넣고 잘 치대어 만두소를 만든다.

5 만두피에 만두소를 올린 후 가장자리에 물을 바른다. 반으로 접어 붙인 후 양 끝을 모아 물을 묻히고 붙여 만두를 빚는다.

6 김이 오른 찜기에 젖은 면보를 깔고 만두를 넣고 10~15분간 찐다.

평안도

평양어죽
민어매운탕
초계탕
순안불고기
평양온반
생강김치
어복쟁반
칼제비국
콩깨국칼국수
풋강냉이지짐
김치냉면
풋완두죽
기장쌀밥
팥지짐
가지볶음
더덕볶음

평안도는 우리나라의 북서쪽에 있으며 동쪽은 산간지방이고 서쪽은 넓은 평야와 해안이 접해 있어 곡류와 해산물이 풍부하다. 예전부터 평안도 사람들은 중국과의 교류가 활발하여 성격이 진취적이고 대륙적인 기질이 있어 대체로 음식이 큼직하고 푸짐하며 먹음직스럽다. 특히 겨울에 추운 지방이라 기름진 육류 음식과 밭에서 많이 나는 콩과 녹두로 만드는 음식이 발달하였다. 음식의 간은 맵고 짜지 않고 심심한 편이며 모양에 별로 신경 쓰지 않는다. 겨울에는 동치미보다는 주로 꿩육수에 말아 먹는 냉면, 여름에는 화로 위에 커다란 놋쇠 쟁반을 올려놓고 쇠고기편육을 즐기며 삶은 달걀과 메밀국수를 한데 둘러 담고 육수를 부어 끓이면서 여러 사람이 함께 떠먹는 어복쟁반이라는 온면을 사계절 즐겨 먹는다.

평안도에서는 만두를 큼직하게 빚는데 만두 소로 돼지고기, 김치, 숙주 등을 넣거나 껍질 없이 만두소를 둥글게 빚어서 밀가루에 여러 번 굴려서 밀가루옷을 입힌 굴만두를 만들어 먹는다. 굴만두는 만두피로 빚은 것보다 훨씬 부드럽고 맛있다.

평안도 중에서는 평양의 음식이 가장 널리 알려져 있는데 그중에서도 평양냉면, 어복쟁반, 순대, 장국밥, 장국수가 유명하고, 김칫국을 이용하여 김치말이 음식을 즐겨 먹는다. 죽은 닭죽과 어죽이 있는데 강변에 나가서 만들어 먹는 야외놀이 음식이다.

주식류는 대접에 흰밥을 담고 소금 간을 한 닭고기 국물을 부은 다음 닭고기와 함께 녹두지짐을 고명으로 얹어 낸 평양온반, 김치밥, 닭죽, 어죽, 생치만두, 만둣국, 굴만두(굴린만두), 느릅쟁이국수, 강량국수, 온면, 김치말이냉면, 평양냉면 등이 있고, 어복쟁반, 고사릿국, 숭어국, 잉어국, 돼지내장찌개인 내포중탕, 빈대떡, 순대, 조기자반, 녹두지짐, 돼지고기편육, 더덕전 등이 있다. 콩을 불려서 맷돌에 갈아 콩비지를 만들어 돼지갈비와 김치를 넣고 약한 불에서 서서히 끓인 되비지, 김치류로는 냉면김장김치, 백김치, 동치미, 가지김치 등을 반찬으로 즐겨 먹는다.

병과류로는 송기떡, 잡곡 가루로 만든 전병인 노티(놋티), 녹두빙자병, 멥쌀가루와 좁쌀가루를 섞어 반죽하여 만든 삶은 떡의 일종으로, 반죽을 동글게 빚어 끓는 물에 삶아 건진 후 찬물에 헹구고 참기름을 바른 뒤 콩가루나 팥고물을 묻힌 꼬장떡, 계피떡, 꿀물 혹은 끓인 설탕물과 밀가루를 섞어 반죽을 한 뒤에 과줄판에 박아서 기름에 지져 속까지 검은 빛이 나도록 익힌 과줄, 엿, 조청을 만들어 그 속에 찹쌀미숫가루 또는 볶은 참깨, 볶은 들깨 등을 각각 넣어 떠먹게 만든 태석(식) 등이 유명하다.

평양어죽——◦

옛날 평양 사람들이 어죽을 쑤어 먹기 위해 대동강 낚시를 나갔는데 그만 놀음놀이에 취하여 물고기를 잡지 못하게 되어 가지고 갔던 닭고기로 죽을 쑤어 먹었다. 그 후부터 닭고기죽을 평양어죽으로 부르게 되었다.

❀ 재료 및 분량

쌀 700g, 닭고기 1.8kg, 깨소금 15g, 고추장 20g, 참기름 5g, 파 20g

❀ 조리방법

1 쌀은 씻어 2시간 정도 불린 후 물기를 뺀다.

2 닭고기는 삶아 가늘게 찢고 삶은 육수에 1을 넣고 죽을 쑨다.

3 참기름에 다진 파, 고추장을 넣고 볶아 양념고추장을 만든다.

4 2의 죽에 깨소금을 쳐서 그릇에 담고 닭고기를 얹는 다음 양념고추장을 곁들인다.

민어매운탕—⁎

민어는 산란기를 앞둔 여름철에 가장 맛이 있다. 매운탕은 처음부터 생선을 토막 내어 끓이기도 하지만 민어처럼 큰 생선을 우선 횟감으로 살을 떠내고 나서 남은 머리나 내장을 모아 고추장을 풀고 찌개를 끓이는데 이를 서돌찌개라고 한다. 원래 '서돌'이란 말은 집 짓는 데 중요한 재목으로 서까래, 도리, 보, 기둥 등의 통칭인데 척추동물인 물고기에 빗대어서 생선의 대가리, 등뼈, 꼬리 따위로 살이 안 붙은 등신을 서돌이라고 한다. 풍연은 "서울 지방에서는 아무 생선이나 서돌이라 말하지 않고 유독 민어에 한해서 썼다. 덩치가 커서 뼈만으로도 우려낼 것이 많아서일 것이다. 서돌찌개에는 쇠고기 꾸미를 넣고 호박, 두부, 쑥갓 등을 넣어 고추장을 푼다. 더 맛있게 하려면 민어의 부레, 알을 곁들이기도 한다. 어쨌든 살은 넣지 않아야 서돌찌개이다. 아직도 우대(종로구)의 오래된 술집에서는 서돌찌개라는 말을 알아듣지만 아래대(중구)만 내려와도 못 알아듣고, '생선뼈매운탕'이라는 새 말을 쓴다"고 하였다. 민어로 먼저 횟감을 뜨고, 다음에 전을 뜨고, 굽거나 조릴 것을 뜨고, 남은 것으로 서돌찌개를 한다. 무엇이든 버리지 말고 먹자는 데서 나온 것이다. 몇 년 전만 해도 민어 서돌은 거저나 마찬가지인 헐값으로 구할 수 있었으나 요즘의 민어는 귀한 생선이기 때문에 구하기 힘든 재료로 분류된다.

✿ 재료 및 분량

민어 2kg, 두부 400g, 고추장 50g, 파 30g, 다진 마늘 10g, 후춧가루 1g, 고춧가루·소금 5g씩

✿ 조리방법

1 두부는 살짝 씻어 4×0.3×3cm 크기로 썰고 파는 4cm 길이로 약간 굵게 채썬다.

2 민어는 5cm 크기로 썰고 고춧가루, 파, 마늘, 소금, 후춧가루로 양념해 재운다.

3 끓는 물에 2의 민어를 넣고 끓이다가 거품을 걷어 내고 1의 두부를 넣는다.

4 두부가 떠오르면 고추장과 소금으로 간을 한 후 파와 다진 마늘을 넣는다.

초계탕 —·

초계탕(醋鷄湯)의 초계는 식초의 '초(醋)'와 겨자의 평안도 사투리인 '계'를 합친 이름으로 닭 육수를 차게 식히고 초와 겨자로 간을 한 다음 살코기를 잘게 찢어 넣은 음식이다.

식초는 소화를 돕고 살균 작용이 있어 신체에 항균 효과를 주며 피를 맑게 하고 피로 회복에도 탁월한 효과가 있다. 이 때문에 더운 여름에 땀을 많이 흘려 피로할 때 닭과 식초를 넣은 초계탕으로 몸보신을 하였다.

초계탕의 유래는 옛 궁중 연회에 올렸던 음식으로 일반인에게는 근래에 전해졌다. 닭의 기름기를 제거하고 조리하기 때문에 담백한 맛과 독특한 향을 느낄 수 있으며 녹두묵이나 메밀국수를 함께 곁들이면 좋다.

🏵 재료 및 분량

녹두묵 600g, 닭가슴살 300g, 달걀 1개, 오이 100g, 참나무버섯 70g, 파 20g, 간장·식초·겨자 15g씩, 다진 마늘·김·깨소금·잣·참기름 5g씩, 실고추 0.5g, 국물 2컵, 소금 1g

🏵 조리방법

1 참나무버섯은 데친 다음 가늘게 찢어서 볶아 식히고 달걀은 완숙으로 삶아 반으로 자른다.

2 김은 살짝 구워 굵게 부수고, 오이는 작은 버들잎 모양으로 얇게 썰어 무친다.

3 국물은 깨소금, 간장, 식초, 겨자로 양념한다.

4 녹두묵을 가늘게 썰어 깨소금, 참기름으로 양념한다.

5 닭가슴살은 삶아 가늘게 찢어 소금을 넣고 무친다.

6 녹두묵을 그릇에 담고 그 위에 참나무버섯 볶음, 오이 무침, 닭고기를 얹은 다음 달걀, 파, 실고추, 김, 잣으로 고명하고 양념한 국물에 부어 낸다.

순안불고기─•

과거 동북 지방에 살던 고구려 민족을 맥족이라 불렀고 그들이 먹던 고기 구이를 '맥적(貊炙)'이라 불렀다. 3세기 중국의 진(晉)나라 《수신기(搜神記)》에서는 "맥적은 본래 북쪽 오랑캐의 음식인데 중국에서 옛날부터 귀중히 여겨 중요한 잔치에 먼저 내놓는다."고 하였다. 맥적은 된장과 부추 양념을 한 고기를 일컬었고 중국인은 이것을 귀하게 여겼다. 고려시대에는 설야적이라는 꼬치로 꿰어서 구워 먹는 요리도 나왔다.

《산림경제》에는 너비아니에 대한 설명이 있는데, 우육을 썰고 연하게 칼등으로 두들긴 후 꼬챙이에 꿰어서 간장으로 양념해서 충분하게 스며들면 숯불에 구워 먹는 음식으로 기술되어 있다. 19세기에 철사가 도입되면서 석쇠를 이용한 숯불구이가 탄생하였다.

평양 근처인 순안의 불고기는 현재 북한의 불고기 문화를 대표한다. 양념에 재워서 굽는 조선요리전집 방식과 양념장을 고기 구울 때 발라 굽는 우리민족요리 방식으로 다르게 나와 있다.

🏵 재료 및 분량

쇠고기 600g, 오이 80g, 통마늘 15g

양념장 배즙 1개분, 소금 3g, 간장 30g, 참기름 25g, 백포도주 35g, 설탕 6g, 다진 파 15g, 다진 마늘 10g, 후춧가루 0.3g

🏵 조리방법

1 오이는 소금으로 돌기를 제거하여 씻은 후 길이로 반 잘라 어슷 썰고, 마늘은 씻어 반으로 썬다.

2 분량의 양념재료를 잘 섞어 양념장을 만든다.

3 쇠고기는 도톰하게 썰어 두드린 다음 양념장으로 재운다.

4 **3**의 고기를 달군 석쇠에 놓고 숯불에 색이 나게 구워 그릇에 담고 오이와 마늘을 곁들인다.

평양온반——✲

평양온반은 평양의 대표적인 음식 중의 하나로 지난 2000년 고 김대중 대통령께서 평양을 방문했을 때 김정일이 대접했던 음식으로도 유명하다.

더운밥이라는 뜻이 담긴 온반의 유래를 살펴보면 옛날 평양 관가에 어떤 한 총각이 억울하게 누명을 쓰고 추운 겨울에 옥에 갇히게 되었다. 총각은 춥고 배고팠는데 이때 그를 사랑했던 한 처녀가 뜨거운 국물을 붓고 지짐을 넣은 밥그릇을 치마폭에 몰래 숨겨서 총각에게 전해주었다는 이야기가 전해졌다. 추위와 배고픔에 시달리던 총각은 처녀가 전해준 따끈한 밥을 먹고 기운을 냈다고 한다. 온반은 총각이 옥에서 나와 처녀와 결혼식을 할 때에도 잔치 상에 올렸으며 이들이 가정을 이루고 살면서도 자주 만들어먹던 과정에서 전해지기 시작한 요리이다. 그 후 평양지방에서는 결혼잔치를 할 때마다 신랑신부가 이들처럼 뜨겁게 사랑하며 살라는 의미에서 온반을 만들어 잔치 상에 올렸다. 이렇게 전해지기 시작한 평양온반은 조선 사람의 입맛에 맞게 따끈하면서도 구수한 맛을 내는 평양의 특산주식물로 유명하게 되었다.

❀ 재료 및 분량

쌀 800g, 녹두지짐 250g, 닭고기 500g, 달걀 1개, 참나무버섯 200g, 느타리버섯 120g, 깨소금 10g, 간장 20g, 참기름 10g, 파 30g, 후춧가루 0.5g, 실고추 1g, 양념간장 45g

❀ 조리방법

1 닭고기는 삶아 찢어서 깨소금, 간장, 파, 후춧가루로 무치고 국물은 깨소금, 간장, 후춧가루로 양념한다.

2 참나무버섯과 느타리버섯은 데쳐 닭고기와 같은 굵기로 썰어 볶고 달걀은 흰자, 노른자지단을 따로 부쳐 4cm로 가늘게 썬다.

3 쌀은 고슬고슬하게 밥을 지어 그릇에 담고 녹두지짐과 닭고기, 버섯들을 얹은 다음 국물을 붓고 실파, 실고추, 달걀로 고명하여 양념간장과 같이 낸다.

생강김치

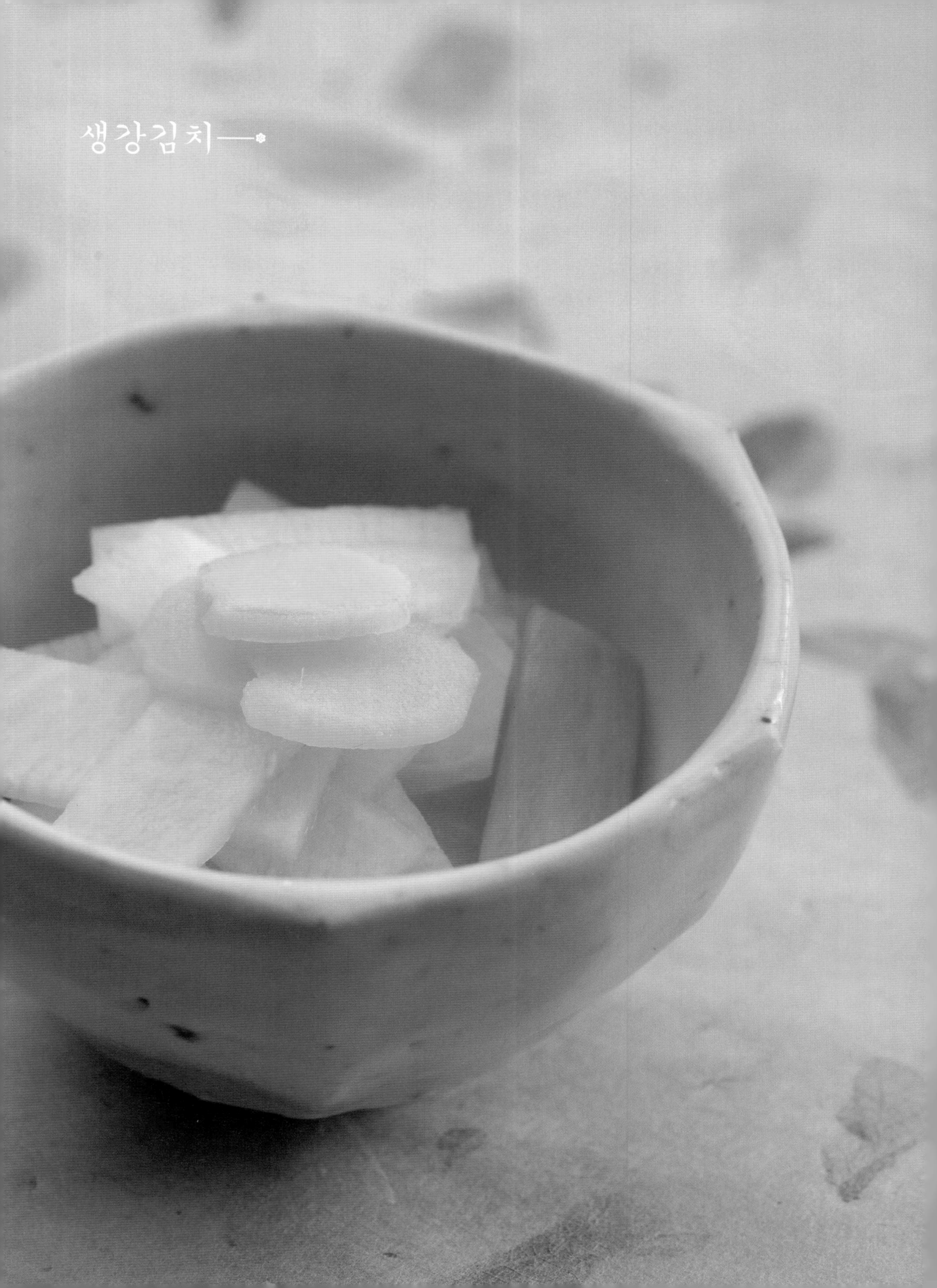

이율곡 선생은 "화합할 줄 알면서 자기 색을 잃지 않는 생강이 되어라"라는 말을 했다고 한다. 이 말씀처럼 생강은 자기 색(향과 맛)을 강하게 갖고 있으면서도, 다른 음식들을 만나면 과감하게 자기 색을 죽이고 화합해서 새로운 맛과 향을 만들어 낸다. 특히 생강은 생선에 들어가면 비린내를 없애주고, 보신탕이나 추어탕에 들어가면 특유의 잡냄새를 제거해주어 맛을 좋게 해준다. 그렇기 때문에 생강만큼 훌륭한 천연조미료도 없으며, 약재로도 쓰이고 있다. 중국의 성인 공자가 몸을 따뜻하게 하기 위해 식사 때마다 반드시 챙겨 먹었다는 음식이 바로 생강이다. 생강의 효능은 류마티스병을 제거하고 구토를 멈추고 담을 제거하고 위의 기를 열어 소화와 흡수를 왕성하게 한다. 한방에서는 구토, 가래 및 추위로 인한 두통과 기침에 쓴다.

✿ 재료 및 분량

생강 10g, 무 500g, 당근 150g, 소금 12g,
식초·설탕 25g씩, 파 30g

✿ 조리방법

1 무는 0.2cm 두께로 넓게 편을 썰어 소금, 식초, 설탕으로 재운다.

2 편으로 썬 무를 펴고 채친 무와 당근, 생강, 파를 놓은 다음 돌돌 말아서 단지에 차곡차곡 담고 소금, 식초, 설탕을 둔 물을 자박자박하게 붓는다.

3 뚜껑을 덮고 하루 정도 지난 다음 차게 하여 낸다.

어복쟁반 —❋
배살쟁반

평양의 대표 향토 음식 중에 냉면과 더불어 '어복쟁반'이 있는데 보통 '쟁반'으로 통한다. 지름이 50cm 가량 되는 넓은 놋쟁반에 쇠고기편육을 얇게 썰어 양념을 하여 돌려 담고 삶은 달걀, 파, 배의 채 등을 고루 덮어서 육수를 부어 끓인다.

옛날 평양지방에 임금이 병이 걸렸는데 그 임금은 쇠고기를 무척 즐겨 먹었던 임금이다. 병에 걸렸기 때문에 기름기를 없앤 고기 음식으로 맛있는 것을 만들어 내라는 명령을 내렸다. 그래서 기름기를 뺀 쇠고기 편육과 여러 가지 채소를 놋으로 만든 쟁반에 곁들여 육수를 부어 끓여 먹는 음식을 올렸는데 이 음식이 크게 칭찬을 받았다. 그 놋쟁반을 보면 가운데가 움푹 들어가 뒤집어 보면 임금의 배를 닮았다고 하여 어복쟁반(御腹錚盤)이라 하였다고 전해진다.

❀ 재료 및 분량

쇠고기 1.2kg, 달걀 2개, 배 1개, 실파 10g, 실고추 0.5g

양념장 간장 60g, 참기름 20g, 다진 파 30g, 다진 마늘 15g, 참깨 5g, 고춧가루 5g

❀ 조리방법

1 쇠고기는 푹 삶아 0.2cm 정도의 얇은 편으로 썬다.

2 실파는 씻어 송송 썰고, 달걀은 삶아 껍질을 반으로 자르고, 배는 깎아 굵게 채썬다.

3 간장, 참기름, 다진 파와 마늘, 참깨, 고춧가루로 양념장을 만든다.

4 쟁반에 고기, 달걀, 배를 담고 실파, 실고추로 고명하여 양념장과 같이 낸다.

칼제비국—❀
칼국수

조선시대에 국수는 고급음식에 속해 양반들이나 먹을 수 있는 음식이었다. 일반서민들은 장수의 의미로 결혼식과 같은 특별한 날에만 잔치국수를 먹었으며 평소에는 국수를 먹지 못했다. 특히 평안도에서는 옛부터 메밀로 반죽을 한 국수를 즐겼는데 칼제비라고 부른다.

한국 전쟁 당시 미국에서 밀가루가 구호식량으로 대량 한국에 들어온 이후 이를 이용해 부엌에서 간단히 칼로 밀가루를 잘라서 국수를 해먹을 수 있는 칼국수가 전국적으로 널리 퍼지게 되었다.

✿ 재료 및 분량

메밀가루 500g, 닭고기 200g, 소금 8g, 간장 5g, 파 20g, 고춧가루 1g, 후춧가루 0.5g, 실고추 0.2g, 닭 육수 1kg

✿ 조리방법

1 파는 다듬어 씻어 5cm 길이로 가늘게 채썬다.

2 메밀가루는 끓는 물로 익반죽하여 얇게 민 다음 0.3cm로 가늘게 썰어 칼제비를 만든다.

3 닭은 푹 삶아 먹기 좋은 크기로 찢고 국물은 체에 면포를 깔고 기름기를 제거한다.

4 끓는 닭 육수에 칼제비를 넣고 익으면 소금, 간장, 고춧가루, 후춧가루로 맛을 들인다.

5 국그릇에 칼제비와 국물을 담고 찢은 닭고기, 채친 파, 실고추를 얹어 낸다.

콩깨국칼국수——•

밭에서 나는 농작물 중에서 최고의 단백질 급원식품은 바로 콩이다. 구성 아미노산의 종류도 육류에 견주어도 손색이 없고, 비타민 B군이 특히 많고 A와 D도 들어 있으나 비타민 C는 거의 없다. 하지만 콩을 콩나물로 재배하게 되면 성분변화에 의해 비타민 C가 풍부한 식품이 된다. 콩을 날 것으로 먹으면 거의 소화가 안 되지만 익혀 먹게 되면 65% 가량 소화·흡수가 되고, 콩 제품인 두부는 95% 정도, 된장은 80% 정도가 소화·흡수 된다.

들깨에는 오메가-3뿐만 아니라 식이섬유가 풍부해 신진대사를 활발하게 하고 노폐물 배출을 도우며 장운동을 촉진해 변비를 예방한다. 체내 유익균의 성장을 도와 면역력을 높여주고 독소를 배출해 항암효과도 있으며, 필수지방산과 항산화성분 특히 토코페롤인 비타민 E가 풍부하여 활성산소 제거에 탁월하다. 노화속도를 늦추기 때문에 회춘식품으로도 불린다.

❀ 재료 및 분량

밀가루 750g, 메밀가루 250g, 콩 100g, 들깨 50g, 소금 10g

❀ 조리방법

1 밀가루에 메밀가루를 섞어서 더운 물로 익반죽하여 얇게 민 다음 가늘게 썰어 끓는 물에 삶는다.

2 콩은 불려서 삶아서 들깨와 같이 갈아 체에 거른 다음 소금을 넣고 콩깨국을 만든다.

3 칼국수를 그릇에 담고 콩깨국을 부어 낸다.

풋강냉이지짐——✳

옥수수 재배는 척박한 땅에서 가능하여 주로 산간 지역이나 농촌 지역에서 많이 생산되고 있다. 예전에는 화전에서 옥수수를 심어 경작했고, 옥수수를 볕에 말렸다가 맷돌에 굵직하게 갈아서 쌀과 함께 섞어 팥, 콩, 수수 등 잡곡을 섞어 밥을 짓기도 하였다. 옥수수의 수염은 신장병과 당뇨병에 효능이 있으며 차로 끓일 경우 고혈압 및 피로 회복에 효과가 있다.

❀ 재료 및 분량

풋강냉이 500g, 찹쌀가루 50g, 소금 3g, 기름 30g

❀ 조리방법

1 풋강냉이는 부드럽게 갈아서 체에 밭친 다음 찹쌀가루와 소금을 넣고 반죽한다.

2 팬에 기름을 두르고 반죽을 한 숟가락씩 떠서 얄팍하고 노릇노릇하게 지진다.

김치냉면—✽

오늘날 냉면은 사시사철 자유롭게 먹을 수 있고 주로 여름철 별미에 속하지만 《동국세시기》에서는 냉면을 음력 11월의 시절음식으로 소개했다. 냉면은 차게 식힌 국물에 국수를 말아서 만든 음식으로 평안도에서는 메밀국수에 무김치와 배추김치에 말고 돼지고기를 섞어 즐긴다.

❀ 재료 및 분량

메밀가루 1kg, 김치 100g, 김치국물 500g, 돼지고기 300g, 달걀 2개, 배 1개, 소금·간장·식초·설탕가루 5g씩, 잣 3g

❀ 조리방법

1 메밀가루는 끓는 물로 익반죽하여 국수가리를 만들고 돼지고기는 삶아서 김치와 같이 썬다.

2 달걀은 흰자와 노른자를 나눠서 지단을 만들어 채썰고, 배는 가늘게 채썬다.

3 김치물과 국물은 같은 비율로 섞어서 간장, 소금, 식초, 설탕으로 양념한다.

4 국수사리를 그릇에 담고 돼지고기, 김치, 배, 달걀지단을 얹은 다음 국물을 붓고 잣을 띄워 낸다.

풋완두죽——

《본초강목》에 의하면 '완두는 약성이 평온한 식품으로 맛은 달고 독은 없으며 위를 보하고 기를 평하게 한다.'고 기록되어 있다. 단백질과 탄수화물 함량이 많고 단맛이 뛰어나며 몸에 부기가 있거나 소변보기가 어려울 때에 먹으면 이뇨작용이 있어 좋고, 위장이 나쁘거나 설사 증상이 있을 때 먹으면 좋다.

❀ 재료 및 분량

흰쌀 100g, 소금 5g, 풋완두콩 100g

❀ 조리방법

1 완두콩은 삶아서 간 다음 체에 밭쳐 앙금을 가라앉힌다.

2 흰쌀로 죽을 쑤다가 거의 되면 1을 넣고 고루 저은 다음 소금으로 간한다.

기장쌀밥—

기장에는 단백질·지질·비타민 A가 풍부하게 들어 있다. 메기장은 정백하여 쌀·조·피 등과 섞어서 밥이나 죽으로 해먹고, 찰기장은 너무 차지기 때문에 밥보다는 쪄서 떡·엿·술의 원료로 만드는 것이 적당하다. 노란 빛깔로 식욕을 돋구는 기장은 한방에서는 기운이 찬 음식으로 분류된다.

❀ 재료 및 분량

흰쌀 600g, 기장쌀 400g, 물 적당량

❀ 조리방법

1 쌀을 씻어 물에 불려 기장쌀을 씻어서 섞은 다음 끓는 물에 안쳐 밥을 짓는다.
2 밥이 되면 가볍게 저어 낸다.

팥지짐—❁

팥은 소두(小豆) 또는 적소두(赤小豆)라고도 한다. 보통 팥밥, 팥고물로도 많이 쓰이고, 동짓날에는 팥죽을 쑤어 시절음식으로 먹었으며 문짝에 뿌려서 액운을 막기도 하였다. 팥은 각기병에 특효약으로 이용되었는데 비타민 B_1의 함유량이 현미보다 많고 그 외에도 비타민 A, B_2, 칼슘, 인, 철분 등이 많이 들어 있다. 또한 이뇨작용과 변통작용이 좋은데 외피에 있는 식물성 섬유와 사포닌이 있어서 부기를 빼고 변비를 해소하는 데 효과가 있다. 또한 해독작용이 뛰어나 체내의 알코올을 배설시켜 주어서 숙취를 빨리 없애주는 효과가 있다.

✿ 재료 및 분량

팥 500g, 돼지고기 50g, 배추김치 100g, 소금 5g, 돼지기름 50g, 양념간장 40g

✿ 조리방법

1 팥은 타갠 후 찬물에 불렸다가 껍질을 벗기고 갈아 놓는다.

2 배추김치의 일부는 송송 썰고 나머지는 편으로 썬다. 돼지고기는 삶아서 납작하게 썰어 둔다.

3 갈아둔 팥에 소금과 송송 썬 배추김치를 섞어서 돼지기름을 두른 팬에 한 국자씩 떠놓은 다음 그 위에 돼지고기와 배추김치 편을 놓고 지져서 양념간장과 같이 낸다.

가지볶음—●

가지의 보라색은 안토시아닌과 나스닌이라는 2가지 성분이 있는데 안토시아닌 성분은 눈과 간장의 기능을 강화시켜 주고, 나스닌 성분은 나쁜 콜레스테롤의 수치를 낮춰주며, 항산화작용을 하여 노화와 암을 예방하는 데 탁월한 효과를 가지고 있다. 또한 가지는 칼로리가 적고 수분함량이 많아 다이어트 식품으로 훌륭하며 식물섬유가 다량 함유되어 있어 변비개선에도 효과적이다. 식품으로는 주로 열매가 이용되지만 약재로는 가지꼭지가 이용된다.

🏵 재료 및 분량

가지 350g, 돼지고기 100g, 마늘·간장 10g씩, 파·녹말가루 15g씩, 고추 30g, 참깨 1g, 소금 3g, 식용유 약간

🏵 조리방법

1 가지는 굵게 잘라 소금물에 담갔다가 물기를 짠다.

2 돼지고기는 가늘게 썰어 양념에 재웠다가 녹말가루를 묻혀 180℃ 기름에 튀긴다.

3 파는 손질하여 씻어 어슷 썰고, 고추는 굵게 썰고, 돼지고기는 먹기 좋은 크기로 썬다.

4 달군 팬에 기름을 두르고 파를 볶다가 가지와 고추, 돼지고기, 간장, 깨소금을 넣고 볶는다.

더덕볶음──◦

더덕은 사삼, 백삼이라고도 부르며 사포닌 성분이 풍부하게 들어있다. 사포닌은 인삼, 도라지 뿌리에도 많다. 더덕은 10월 중순에서 11월 중순까지 약효가 가장 풍부하고 10월의 제철음식으로 먹기 좋다.

더덕은 유해 콜레스테롤을 제거해주는 효능으로 인해 고혈압에 좋으며, 사포닌 성분이 남성에게 정력 향상에 좋고 여성은 갱년기 장애를 예방해 준다. 또한 섬유질이 많아 피로회복에 좋은 효과를 주며, 부드럽고 독성이 없어 열이 있거나 특이체질에는 인삼의 대용으로 사용하기도 한다.

❀ 재료 및 분량

더덕 200g, 쇠고기 50g, 소금·간장 2g씩, 다진 마늘·참기름 10g씩, 다진 파 15g, 참깨 1g, 후춧가루 0.2g, 실고추 0.3g

❀ 조리방법

1 더덕은 껍질을 벗기고 두드려 소금으로 문지른 다음 물에 불렸다가 잘게 찢는다.

2 쇠고기는 5×0.3×0.3cm로 채썬다.

3 팬에 참기름을 두르고 쇠고기와 다진 파를 볶다가 더덕, 다진 마늘, 소금, 간장, 후춧가루를 넣고 볶아 그릇에 담고 깨와 실고추를 뿌린다.

황해도

굴김치밥
남매죽
비지밥
김고추장구이
묵물죽
대합조개닭알국

황해도는 우리나라 북부 중서부의 넓은 연백평야와 재령평야가 있어 북부지방의 대표적인 곡창지대이다. 쌀과 메조, 수수, 기장, 밀, 콩, 팥 등의 잡곡이 풍부하고 생산량이 많으며 질도 좋아 특히 조를 섞어서 잡곡밥을 많이 해 먹었고 곡류를 사료로 먹여 키운 돼지고기와 닭고기의 맛이 좋고 독특하기로 유명하다.

황해도는 인심이 좋고 생활이 부유한 편이어서 음식을 한 번에 많이 만들고, 충청도 지방 음식과 같이 간은 적당하여 짜지도 싱겁지도 않으며 맵거나 자극적이지도 않다. 음식에 기교를 부리지 않고 맛이 소박하면서도 구수하다. 송편이나 만두도 큼직하게 빚고, 밀국수도 즐겨 만든다.

김치에 향미채소를 사용하는 것이 특징인데, 배추김치에는 미나리과의 향이 강한 고수를, 호박김치에는 분디(산초)를 쓴다. 특히 김치는 그리 맵지 않고 시원하게 담그며 맑고, 시원한 국물을 넉넉하게 만들어 겨울철에 국수나 찬밥을 김치나 동치미국물에 말아 먹기도 한다. 특히 고수는 김치 외에도 즐겨 사용하는데, 향유(香荑) 또는 호유(胡荑)라고 하고, 강회나 생채로 무치며 절에서도 즐겨 먹는 채소이다. 고수김치는 고수를 하룻밤 물에 담가 독한 맛을 뺀 후, 조개젓이나 황석어젓으로 김치처럼 버무리는데 고수만으로는 너무 맛이 진하므로 배추나 무를 썰어 섞박지 담그듯 섞어 쓰기도 한다. 분디는 산초나무와 비슷한데 잎에서 진한 향이 난다.

황해도 해안 지방은 조석간만의 차가 크고 수심이 낮으며 간석지가 발달해 소금이 많이 난다. 또 난류와 한류가 교차되는 지점이기 때문에 수산자원이 풍부한 편이다. 특히 연백지방의 흰쌀은 목화, 누에고치와 함께 삼백(三白)이라고 불릴 만큼 유명하고 밀국수나 닭고기, 꿩고기를 음식에 많이 이용하고 있다. 주식으로 쌀밥 외에 잡곡을 섞은 세아리밥, 잡곡밥, 김치밥, 비지밥, 남매죽, 수수죽, 밀범벅, 호박만두, 냉콩국, 씻긴 국수, 김치말이, 밀낭화 등이 있다. 찬류에는 돼지고기와 두부를 많이 쓰는데 김치국, 조기국, 되비지탕, 호박지찌개 등 국이나 찌개를 푸짐하게 끓이고, 행적, 고기전, 김치순두부, 잡곡전, 순대, 청포묵무침, 김치적, 붕어조림, 개구리구이, 돼지족조림, 된장떡 등과 젓갈의 일종인 연안식해가 있다. 떡은 오쟁이떡, 큰송편, 우메기, 잡곡부침, 닭알떡, 수리취인절미, 우찌지, 경단 등을 많이 하고 과자에는 무정과 등이 있다.

황해도에서만 맛볼 수 있는 향토음식으로는 팥을 무르게 삶아 찹쌀가루를 넣어 팥죽을 끓이다가 밀가루로 만든 칼국수를 넣고 끓이는 남매죽이 있다. 또 강낭콩과 팥을 삶아서 밀가루를 수제비처럼 뜯어 넣어 끓인 것으로 여름철에 오이냉국과 함께 먹는 밀다갈범벅, 멥쌀밥에 엿기름가루를 섞은 후 조갯살과 대추, 잣, 소금, 참기름을 넣고 섞어서 항아리에 담아 봉하여 만든 일종의 젓갈인 연안식해 등을 반찬으로 먹는다. 수수경단을 삶아서 띄워 먹는 황해도식 콩국수, 배추김치, 돼지고기, 실파, 고사리를 길게 잘라서 양념하여 대꼬치에 번갈아 꿰어 밀가루와 달걀을 묻혀서 번철에 지진 누름적인 행적, 돼지족을 깨끗이 다듬고 푹 삶아서 물과 갱엿과 간장(진간장), 생강을 넣어 뭉근한 불에서 서서히 조린 돼지족조림, 늙은호박으로 담근 김치를 넣고 끓인 호박지찌개, 산초 꽃봉오리를 간장에 담가 두었다가 먹는 분디장아찌 등이 있다. 황해도 병과류로는 오쟁이떡, 좁쌀떡, 닭알떡, 무정과, 수리취인절미, 연안인절미, 녹두고물시루떡 등이 있다.

굴김치밥 ─ ✽

황해도 지역에서 즐겨먹는 굴김치밥은 연안에서 많이 생산되는 굴과 질 좋은 쌀, 김치 그리고 참기름 양념장을 곁들여 먹는 것으로 소박하며 음식에 기교를 부리지 않은 것이 특징이다.

석굴, 석화, 굴조개 등으로 불리는 굴은 '바다에서 나는 우유'라고 할 만큼 영양적으로 완전식품에 가깝다고 평가한다. 칼슘흡수가 빠른 식품이면서 알칼리성 체질을 만들어 혈액을 맑게 해주고 글리코겐의 상승작용으로 혈당강하제 역할을 하여 당뇨병, 고혈압, 심장병 등에서 효과가 있는 것으로 알려져 있다. 영양소의 소화·흡수가 잘 되므로 회복기 환자나 노인, 아이들에게 좋으며 12월부터 2월 사이에 캐낸 제철 굴이 가장 영양소가 풍부하고 맛이 좋다.

✿ 재료 및 분량

불린 쌀 300g, 물 1컵, 굴 200g, 배추김치 200g, 양념간장 30g, 파 20g, 참기름 10g

✿ 조리방법

1   솥에 참기름을 두르고 잘게 썬 파와 배추김치를 볶다가 불린 쌀과 물을 넣어 밥을 짓는다.

2   밥물이 잦아들면 굴을 넣고 뜸을 들여 밥그릇에 담아서 양념간장과 같이 낸다.

남매죽 ──◦
팥칼국수

남매죽은 오누이죽이라고도 불리며 팥을 삶아 앙금을 낸 후 찹쌀가루를 넣고 쑤는 죽이다. 여기에 칼국수를 넣어 다시 한 번 끓여낸 것이 팥칼국수이다.

팥은 비타민 B_1의 함유량이 많아 각기병의 특효약으로 이용되었으며 이뇨작용도 뛰어나다. 이외에도 비타민 A와 B_2, 니코틴산, 칼슘, 인, 철분, 식물성 식이섬유 등이 많이 들어 있으며 전체적인 영양의 균형도 훌륭하기 때문에 한여름 질병을 막기 위해서 끓여 먹기도 하였다. 외피에 들어 있는 사포닌과 풍부한 식물성 식이섬유에 의해 신장병, 심장병, 각기병 등에 의한 부기와 변비 해소에 좋은 효과가 있다. 하지만 주의할 점으로는 사포닌은 적은 양으로도 커다란 효과를 볼 수 있기 때문에 다량 섭취 시 설사를 일으킨다. 또한 팥은 체내의 알코올을 빨리 배설시키는 해독작용이 탁월하여 숙취해소에도 효과가 있다. 좋은 팥은 붉은색이 짙고 윤기가 나며 껍질이 얇은 것이 좋은 팥으로 보관방법으로는 벌레 먹기가 쉽기 때문에 바람이 잘 통하는 서늘한 곳에 보관해 두어야 한다.

❀ 재료 및 분량

팥 300g, 밀가루 300g, 찹쌀가루 50g, 달걀 1개, 소금 5g

❀ 조리방법

1 팥은 깨끗이 씻고 일어서 큰 냄비에 담아 물을 넣고 끓인다. 한번 끓인 물은 버리고 다시 물을 넉넉히 부어 중불에서 천천히 끓여 팥알이 퍼지도록 푹 삶아준다.

2 삶은 팥을 뜨거울 때 물을 부어가면서 체에 내려 앙금은 가라앉히고 남은 껍질은 버린다.

3 밀가루에 달걀과 물을 넣고 반죽하여 얇게 민 다음 가늘게 썰어 칼국수를 만든다.

4 가라앉힌 웃물을 먼저 끓이다가 칼국수를 넣고 익으면 밑에 가라앉았던 앙금을 넣고 끓인다.

5 잘 저으면서 끓인 다음 소금과 설탕을 넣는다.

비지밥—❀

비지밥은 쌀이 부족할 때에 먹던 음식으로 근래에는 별미음식으로 분류된다.

콩을 물에 담가 잘 불렸다가 약간 거친 정도로 맷돌에 간 다음 냄비에 넣고 약 20분간 끓인다. 처음에는 센 불에 끓이다가 불을 줄이고 계속해서 끓이는데 이때 눋지 않도록 가끔 저어준다. 자주 저으면 삭아서 웃물이 생기게 되므로 주의한다. 잘 끓여서 얇은 막이 생기면 쌀을 씻어서 넣고 밥을 짓는다. 먹을 때는 양념간장을 넣고 비벼서 먹는다. 비지를 끓일 때 삶은 우거지를 곱게 썰어 넣거나 돼지고기를 썰어 넣기도 한다.

❀ 재료 및 분량

콩 500g, 불린 쌀 300g, 돼지고기 100g, 배추우거지 200g, 들기름 10g, 양념간장 40g

❀ 조리방법

1 콩을 하루 불렸다가 믹서에 곱게 간다.

2 돼지고기와 배추우거지는 잘게 썬다.

3 냄비에 들기름을 넣고 돼지고기와 배추우거지를 익을 때까지 볶는다.

4 미리 갈아놓은 비지를 넣고 중불에서 20분 정도 끓이면서 밑에 눋지 않게 저어준다.

5 불린 쌀을 넣고 물을 맞춰 밥을 짓는다.

6 밥이 되면 고루 섞어서 양념간장과 같이 낸다.

김고추장구이——•

김은 한자어로 '해의(海衣)' 또는 '자채(紫菜)'라고 한다. 요즈음에는 '해태(海苔)'로 널리 쓰이고 있으나 이것은 일본식 표기로, 우리나라에서의 '파래'를 가리키는 것이다. 바다의 암초에 이끼처럼 붙어서 자라며 우리나라 연안에서는 10월 무렵부터 봄까지 번식하고, 여름에는 채취가 어렵다.

김은 영양이 풍부하며 특히 단백질과 비타민이 다량 함유된 식품이다. 마른 김 5매에 들어 있는 단백질은 달걀 1개 정도에 해당하며, 비타민 A는 김 1매에 함유되어 있는 것이 달걀 2개 정도와 비슷하다. 이 외에도 비타민 $B_1 \cdot B_2 \cdot B_6 \cdot B_{12}$ 등이 함유되어 있는데, 특히 B_2가 많이 들어 있고 비타민 C는 채소에 비해 안정성이 뛰어난 것으로 알려져 있다. 또한, 김에는 콜레스테롤을 체외로 배설시키는 작용을 하는 성분이 들어 있어 동맥경화와 고혈압을 예방하는 효과도 있으며 상식할 경우 암도 예방된다. 우리 민속에 정월 보름에 밥을 김에 싸서 먹으면 눈이 밝아진다는 속설이 있는데, 이는 김에 비타민 A가 많이 함유되어 있기 때문에 가능한 이야기이다.

❀ 재료 및 분량

김 20장, 찹쌀가루 100g, 고추장 20g, 참기름 20g, 참깨 10g

❀ 조리방법

1 고추장과 찹쌀가루를 물에 풀어 냄비에 넣어 된 풀을 쑨다.

2 김을 펴 놓고 풀을 바른 다음 참깨를 뿌려 말린다. 마르면 뒤집어 뒷면에도 풀을 바르고 참깨를 뿌려 말린다.

3 말린 김을 참기름을 발라 석쇠에 올려 구운 다음 적당한 크기로 썰어 낸다.

묵물죽——❀

묵물은 녹두로 묵을 쑬 때 남은 물을 말한다. 녹두를 타고 불려 껍질을 제거하고 일어 건져 물을 조금씩 주면서 맷돌에 갈아 앙금을 가라앉히면 그 위로 물이 괴는데, 앙금으로는 묵을 쑤고 위에 괸 물로는 묵물죽을 쑨다. 《시의전서》 녹말수비법에 "녹두를 타개서 물에 담갔다가 불면 껍질을 벗기고 깨끗하게 씻는다. 껍질 벗긴 녹두를 매(맷돌)에 갈아 굵은 체로 걸러서 무명 견대에 넣어 짜고, 물에 넣어 주물러 빨아 큰 자배기에 담는다. 이것이 가라앉으면 누른 물을 모두 따라 버리고 앙금을 묵을 만드는 데 쓴다. 이 묵물로는 묵물죽도 쑤고 알국도 끓인다. 새로 물을 부어 손으로 저어 두었다가 그 이튿날 또 따르고 붓기를 여러 날 한다. 이렇게 하여 물이 냉수같이 맑으면 물을 따라 버리고 볕에 놓아 물기를 거둔 후 앙금을 떠서 유지에 넣어 바싹 말려 쓴다."라고 하였다.

대량으로 녹두묵을 쑤거나 녹두가루를 장만할 때 버려지는 웃물인 묵물을 이용하는 것에서 묵물죽의 유래가 시작된다. 이덕진(李德珍)은 "가을이 다가와 청포묵이니 도토리묵을 할 때면 시장에 나가 묵물을 사오게 한다. 들통을 들고 묵물을 사오면 여기에 잘게 썬 시래기나 우거지를 넣고 다진 새우젓을 넣고 끓인다."라고 하였다. 이 묵물로 묵물죽을 쑤었을 것이라 예상한다. 묵은 가을부터 특히 찬바람이 부는 겨울이면 그 맛이 더 난다. 그러므로 묵 가공 때 나오는 묵물을 이용한 묵물죽도 가을부터 겨울철 묵과 함께 즐길 수 있는 음식이다. 또한 녹두 가공 시에 나오는 잉여 웃물을 이용하여 별미음식을 만들어내는 데 의의가 있다.

❀ 재료 및 분량

녹두 500g, 소금 10g, 김 10g

❀ 조리방법

1 녹두를 불렸다가 갈아 체에 거르고 난 물을 냄비에 넣고 서서히 끓인다.

2 끓인 녹두물에 소금을 넣고 차게 식힌 다음 그릇에 담고 구워 부스러뜨린 김을 띄워 낸다.

대합조개닭알국—*

대합은 문합·화합·백합이라고도 불린다. "봄 조개, 가을 낙지"라는 말이 있듯이 조개는 봄이 제철이며 대합 또한 마찬가지이다. 조개는 쫄깃쫄깃하고 달착지근한 감칠맛이 특징이다. 약간씩 차이는 있지만 단백질이 8~15%를 차지하는데 그중 히스티딘, 라이신 등의 필수아미노산이 고루 들어 있고 글리코겐이 풍부하다. 특히 감칠맛을 내주는 호박산과 글루타민산이 들어 있다. 그외에 타우린, 베타인, 호박산, 글루타민산이 어우러져 나는 맛이다. 이 중 타우린과 베타인은 강장 효과가 있다고 알려진 성분이고 호박산은 조개만의 고유한 성분이다. 특히 백합국은 간장을 보호하는 효과가 있어 술국이나 해장국으로 좋고 비타민과 무기질, 특히 철분이나 코발트의 조혈작용을 돕는 성분이 많아 빈혈 치료에도 좋다.

✿ 재료 및 분량

대합살 200g, 달걀 2개, 밀가루 30g, 쑥갓 50g, 소금 5g, 간장 3g, 마늘 10g, 파 20g, 실고추 0.2g, 후춧가루 0.5g

✿ 조리방법

1 대합살은 잘게 썰어 소금과 후춧가루로 재운다.

2 대합살에 밀가루를 뿌리고 달걀 물을 발라 끓는 물에 조금씩 넣는다.

3 국물이 한소끔 끓으면 짧게 썬 쑥갓, 채로 썬 파, 다진 마늘, 간장, 소금, 후춧가루, 실고추를 넣고 한번 저어서 그릇에 담아 낸다.

❀ 참고문헌

강인희 지음(1987). 한국의 맛. 대한교과서.

김명희 지음(2005). 전통 한국음식. 광문각.

김상보 지음(2004). 조선왕조 궁중음식. 수학사.

문화관광부 지음(2000). 한국전통음식. 창조문화.

빙허각 이씨 지음(1997), 정양완 옮김. 규합총서. 보진재.

신승미 외 지음(2005). 우리 고유의 상차림. 교문사.

이연채 지음(2000). 남도전통음식. 다지리.

이춘자 지음(2003). 김치-빛깔 있는 책들. 대원사.

정낙원, 차경희 지음(2007). 향토음식. 교문사.

정재홍 지음(2000). 김치백서(CD ROM 한글판) 올비스미디어.

정재홍 지음(2003). 한과와 음청류. 형설출판사.

정재홍 지음(2003). 한국의 떡. 형설출판사.

조정강 지음(2002). 맛 밴 우리 음식 이야기. 웅진닷컴.

한국문화재보호재단 지음(1998). 한국음식대관-2권 주식·양념·고명·찬물. 한림출판.

한복진 지음(1989). 팔도음식. 대원사.

한복진 지음(1999). 우리가 정말 알아야 할 우리음식 백가지-1, 2권. 현암사.

농촌진흥청 농업기술센터 www2.rda.go.kr/food/korean/main_total.htm

전통향토음식연구원 http://www.koreafoods.net

한국관광공사 http://www.visitkorea.or.kr

✿ 찾아보기

❀ 저자소개

조태옥 세종대학교 조리외식 경영학 석·박사
(사)세종전통음식 연구소장
수원여자대학교 식품영양학과 겸임교수
AT식품전문위원

손기옥 세종대학교 조리외식 경영학 석·박사
(사)세종전통음식 연구소 책임연구원
백석문화대학교 외식산업학부 외래교수

홍종숙 세종대학교 조리외식 경영학 박사
여주대학교 호텔외식 조리학과 조교수

전지영 세종대학교 외식 경영학 박사
세종대학교 관광대학원 외래교수
AT 식품전문위원

향토음식

2017년 2월 13일 초판 인쇄 | 2017년 2월 20일 초판 발행

지은이 조태옥 외 | **펴낸이** 류제동 | **펴낸곳 교문사**

편집부장 모은영 | **책임진행** 오세은 | **디자인** 김경아 | **본문편집** 우은영

제작 김선형 | **홍보** 이보람 | **영업** 이진석·정용섭·진경민 | **출력·인쇄** 동화인쇄 | **제본** 한진제본

주소 (10881)경기도 파주시 문발로 116 | **전화** 031-955-6111 | **팩스** 031-955-0955

홈페이지 www.gyomoon.com | **E-mail** genie@gyomoon.com

등록 1960. 10. 28. 제406-2006-000035호

ISBN 978-89-363-1617-4(93590) | **값** 23,700원